ビジュアル真空技術

博士(工学) 平谷 雄二 著

コロナ社

―まえがきにかえて―

必ず読んでください

　この本は，真空装置を使って結晶成長，薄膜を形成する研究室や職場に新しく配属され，3か月ほど経た人を対象に書いています。配属されて3か月といえば，なんとか真空装置にも慣れてきて，一応の操作ができるころです。貴方はこれから，真空装置を自分の手足のように使って研究したり，製品をつくっていかなければなりません。真空装置を使って作製した薄膜の質が，ある日突然変わることだってあります。そのつどパニックを起こしていたら後輩にも示しがつきません。そうならないために，装置の仕組みや「真空」に対する理解を深めることが必要です。

　しかし，学校の授業や会社のセミナーにも「真空技術」と独立したものは見かけません。そこで，真空を勉強するため，本を探すと，これが，結構出版されています。でも，難解な式が天下り的に出てきて，ちょっと辟易（へきえき）します。というのも，真空技術の基礎は「気体分子運動論」，「化学熱力学」，「反応速度論」だからです。それだけ多くのものに立脚しているので，しょうがないと言えばしょうがないことです。でも，著者は思うのですが，基礎は確かに上の三つですが，「真空技術」を自由自在に使いこなすには「経験」がプラスされなければならないと。

　学校を卒業して会社に入ったばかりの人は，先輩がやたら「経験」とか「勘」とかいう言葉を使うので，「いいかげんな人だな」と少し反発を感じたりしていませんか？　いまは無理ですが，やがて「先輩はいいかげんな人ではない」ということがわかります。その理由をお話ししましょう。真空の「質」を支配するのはガスの脱離，吸着といった表面反応です。著者はもともと筑波（つくば）で表面反応の研究をしていましたが，表面反応の実験で一番苦労させられたのが，「規定された表面の準備」です。準備した表面の状態によって反応はさま

ざまな様相を示します。皆さんがやっている「薄膜形成」や「結晶成長」は表面反応の集大成のようなことです。そんな難しいことをやっているにもかかわらず，ほぼ同じ膜や結晶が毎回できるということは，じつは驚異的なことなのです。

　この本のタイトルを見てこの本を手にとられた方は，おそらく，「研究成果が出てなんぼ」，「よい製品ができてなんぼ」の世界に住む人でしょう。つまり，真空装置を「道具」として使う人だと思います。先輩は真空装置が微妙な条件のバランスの上に成り立った「道具」であるということを知っています。だから，難解な数式を使わずとも，泥沼に落ちることなく，まるで匠（たくみ）のように「道具」を使って物が作れるのです。

　先に「勘」が必要だとは言いましたが，「ヤマ勘」や「獣（けだもの）の勘」が必要だとは言っていません。必要なのは「経験」と「基礎学力」に裏づけられた「勘」，格好よく言えば「センス」です。著者は読者に「真空」に対する「センス」を身につける助けとなるようこの本を書きました。そのために，いくつかの工夫をしました。必要最小限の項目に絞りました。難解な式は極力使うことを避けました。そして，最も気を配ったのは，読者の頭に「物理的イメージ」を描くにはどうしたらよいかという点です。

　すべての方を対象にして本を書くことはたいへん難しいことなので，主として読んでいただきたい人を絞らせてもらいました。まず，**表1**を見てください。

表 1　あなたの匠（たくみ）度はどのレベル

レベル	名　称	条　件
0	素人（しろうと）	装置は見たか，聞いたことがあるだけで，自分では操作したことがない
1	見習い	先輩と一緒か，マニュアルと首っ引きならば装置を動かせる
2	職人	間違った操作をしたと気づいたとき，自分の頭で考えてすみやかに対処できる
3	師匠	装置の音やできたものから装置の好調，不調を知ることができる。不調のとき，適切な応急処置をすみやかにできる。
4	達人	装置を設計することができる。お金のないときには，遊休品やジャンクを活用して装置を自在に組み上げることができる

— まえがきにかえて — 必ず読んでください

　この本を読んでいただきたい方は，レベル1の方です．レベル3以上の方には冗長に感じるかもしれません．レベル0の方は読む前にまず装置に慣れてください．

　この本の構成は，I編で，真空装置の心臓部のポンプと感覚器官にあたる真空計のお話をします．そして，真空装置の最高の監視塔である割には活用されていない質量分析装置にあえて章を設けました．

　II編では真空技術でよく使われる式の導出を行っています．

　なお，適宜演習問題を付けましたのでクイズのつもりで挑戦してみてください．いずれもくわしい解答を付けましたが，まず自分の頭で考えて，つぎに紙に書いて，最後に解答を見るようにすると効果があります．

　また，巻末には「付録」と「ブックガイド」を付けましたので活用してください．

　本書をまとめるにあたっては，多くの人々にお世話になりました．宇都宮大学の白石和男教授からは，至らぬ原稿をていねいに読んでいただいたばかりでなく，有益な助言を数多くいただきました．横浜国立大学の多田邦雄 教授ならびに研究室の荒川太郎 講師，盧柱亨 助手，そして学生の皆様からは，励ましのお言葉や，貴重なご意見をいただきました．

　出版にあたりまして，コロナ社の方々にひとかたならぬご尽力をいただきました．そして，わがままな著者を，背後から強力にバックアップしてくれた，妻 妙子に変わらぬ愛を誓います．

2001年9月吉日

平 谷 雄 二

目　　　次

I編　装置のメカニズム

1. 真空ポンプ

1.1　真空ポンプの排気速度って何？ …………………………3
1.2　真空ポンプには気体を引き込む力はない？ ……………3
1.3　真空領域とは ………………………………………………5
1.4　真空ポンプのラインアップ ………………………………9
　　1.4.1　ロータリーポンプ …………………………………13
　　1.4.2　油拡散ポンプ ………………………………………15
　　1.4.3　ターボ分子ポンプ …………………………………19
　　1.4.4　イオンポンプとチタンサブリメーションポンプ …22
　　1.4.5　クライオポンプ, ソープションポンプ …………25
　　1.4.6　補足事項 ……………………………………………29

2. 真　空　計

2.1　動作原理による真空計の分類 …………………………36
2.2　真空計の存在理由 ………………………………………37
2.3　ブルドン管, バラトロン ………………………………41
　　2.3.1　ブルドン管 …………………………………………42
　　2.3.2　バラトロン …………………………………………46
2.4　熱電対真空計, ピラニ真空計 …………………………48
2.5　B-Aゲージ（ワイドレンジ B-Aゲージ, ヌードゲージ）…54
　　2.5.1　気体をイオン化する理由 …………………………55
　　2.5.2　圧力と指示値の関係 ………………………………57

2.5.3　電離真空計の感度 ……………………………………… 58
　2.5.4　電離真空計の見分け方 …………………………………… 62
　2.5.5　指示値は何の圧力？ ……………………………………… 64

3. 質量分析計

3.1　設置場所が命の質量分析計 …………………………………… 74
　3.1.1　真空蒸着装置 ……………………………………………… 77
　3.1.2　スパッタ装置，ドライエッチング装置の場合 ………… 79
3.2　マススペクトルはこう読め …………………………………… 80
　3.2.1　分子に電子が衝突すると何が起きるか？ ……………… 81
　3.2.2　マススペクトルの縦軸と横軸の意味 …………………… 86
3.3　質量分析計購入ガイド ………………………………………… 92
3.4　例　題　集 ……………………………………………………… 94

II編　真空技術の基本公式

4. $PV = nRT$

4.1　$PV = nRT$ の大前提 ………………………………………… 98
　4.1.1　気　体　の　密　度 ……………………………………… 99
4.2　$PV = nRT$ を使いこなす …………………………………… 104
　4.2.1　真空装置の排気特性 ……………………………………… 104

5. 平衡蒸気圧

5.1　平衡状態と定常状態 …………………………………………… 120
　5.1.1　平　衡　蒸　気　圧 ……………………………………… 120
　5.1.2　真空装置の圧力 …………………………………………… 121
5.2　平衡蒸気圧を使う ……………………………………………… 122
　5.2.1　他の相が1種類の物質からなる場合 …………………… 123

5.2.2　気相以外の相が，よく混ざり合う複数の物質より成り立っている場合 … *154*

6. 気体の衝突頻度 $J = NV/4$

6.1　式を身近な単位で表現しよう … *160*
6.2　真空ポンプの排気速度の謎を解く … *163*
6.3　式を大ざっぱに誘導しよう … *166*
　　6.3.1　式誘導のためのモデル … *166*

7. 愛のごとき物質の変化

7.1　愛は出会いから始まる … *169*
7.2　愛を実らすのは情熱 … *170*
7.3　愛 の 実 験 式 … *171*

付　　　録 … *174*
　A．圧　　　　力 … *174*
　B．流　　　　量 … *175*
　C．元素の蒸発に関するデータ … *177*
　D．便 利 な 公 式 … *178*
　E．定数，換算など … *181*
　F．マススペクトル … *182*
ブックガイド … *184*
あとがきにかえて … *188*
索　　　引 … *191*

本書で使用する単位，用語について

本書独特の単位

　本書の目的は，皆さんの頭のなかにある真空のイメージを明確なものにしていただくことにあります。したがって，単位としてはSI単位には従わず，体感できる単位をあえて使いました。すなわち

　　圧　力：Torr（トール）すなわちmmHg

　　長　さ：cmまたはÅ（オングストローム）

　　重　さ：g（グラム）

　　体　積：cm^3またはl（リットル）

です。その他の単位は本文で適宜説明を加えました。上の単位のSI単位への換算は，この本の付録に付けました。

　補足をさせていただくなら，Torr（トール）はトリチェリ（日本で江戸幕府が確立したころのイタリアの物理学者）の業績を敬しての単位であって，系統的な単位ではありません。しかし，あまりにも長く真空業界で使われたため，Pa（パスカル）への移行が叫ばれながらも，いまだに広く使われています。30代以上の技術者ならば圧力といえば直感的にTorrと考えてしまうほどです。ただし，論文を書くときは必ずPaを使ってください。その他の単位は，煩雑な指数を付けることなしに，装置や材料，さらには原子の寸法や重さを表せるいわゆる実用単位です。

略号，用語

　できるだけ，本文で説明するようにしました。初めての人にわかりにくいと思われるものを補足しておきます。

CVD（chemical vapor deposition）

　薄膜をつけたいもの（基板といいます）を反応炉に装着した後に，反応炉に

原料ガスを流します。このとき基板を加熱すると，原料ガスが分解し基板上に薄膜がたい積されます。原料が分解して薄膜ができる過程で化学反応が起きることを強調するために chemical の文字が入ります。反応炉の圧力は大気圧から 1 Torr くらいが普通です。できる薄膜の原子の並びが基板の原子の並びを反映する（エピタキシーと呼ぶ）ことを強調するときは VPE（vapor phase epitaxy）と呼びます。さまざまな装置構成があるので，区別するためにいろいろな添え字が付けられることがあります。一例をあげると

  P-CVD ：原料ガスを励起するのにプラズマを使用した …
  熱-CVD ：原料ガスを励起するのに発熱体を使った …
  MO-CVD ：原料ガスに有機金属（MO）を使った …
  M-CVD ：光ファイバをつくるため手法を modify した …

真空蒸着とスパッタ

 いずれも薄膜を作製する手法。薄膜を作製するには真空蒸着もスパッタも，真空中で原料を気化させて，その蒸気を基板に当てるのは同じです。違うのは原料を気化させる方法で，真空蒸着は原料の加熱（ヒータや電子ビームなど）によるのに対し，スパッタは原料を高速なイオンで叩く（sputtering）ことによります。

 イオンプレーティングは二者の合いの子です。真空蒸着の少し高級なのを分子線エピタキシー（MBE）といいます。これは基板や原料の温度を精密に制御することにより，エピタキシーができることを強調した名前です。III-V族化合物半導体の結晶成長の分野では以下のような略号が用いられますが，単なる方言にすぎません。

  MBE   ：III族，V族とも元素を原料に用います。
  GS-MBE ：III族は元素，V族は水素化物を原料とします。
  MO-MBE：III族は MO，V族は元素を原料とします。
  CBE   ：III族は MO，V族は水素化物を原料とします。

I編
装置のメカニズム

　I編は，ある人を頭に浮かべながら書かれています。それは，ずぶの素人(しろうと)ではありません。実験室に顔も出さず，机に座って「ああせい，こうせい」しか言わない御老体や管理職でもありません。

　実験室や工場で実際に薄膜や結晶を積んでいるあなたです。

　そんなあなたにとって最大の関心事は，「思いどおりの薄膜や結晶を積む」ことでしょう。では，そのためにはどうしたらよいでしょうか。著者は

　事故を起こさ（装置を壊さ）ない

　装置の性能を維持する

ことが基本だと考えます。「弘法(こうぼう)は筆を選ばず」ということわざがあります。ウソです。「弘法は筆を選ぶ」が本当です。皆さんは，言ってみれば，現代の最先端をいく匠(たくみ)の卵です。匠を目指すからには，「道具」である装置にこだわってほしいのです。

　装置にこだわるにはどうしたらよいか。気分で装置をいじりまわすことではありません。まず装置の仕組みを自分の愛する人や，奥さんに説明できるくらいに，理解することです。でも教科書は小難しいし，取扱説明書は頼りないし，先輩も…だし，なかなか世の中うまくいかないものです。そこで書いたのがI編です。

　I編は，真空装置のイメージをもっていただくことを念頭に置いて書きました。また，短時間で習得できるよう，テーマを真空装置の心臓であるポンプと真空計に絞りました。装置の状態を管理するのに力を発揮する質量分析計については特別に1章を割きました。

　I編の各章で著者が言いたいことを先にまとめておきましょう（**表2**）。

I編　装置のメカニズム

表2　I編で言いたいこと

ポンプ編	（1章）	真空領域ではポンプの吸気口は気体分子を引き寄せる力などありません。
真空計編	（2章）	真空計が示す圧力が何の圧力か意識しないうちは，あなたは素人です。
質量分析計編	（3章）	マススペクトルは残留ガスの指紋です。犯人探しに役立てない手はありません。

ときどき，このことを思い出しながら読んでみてください。そして，読了してからもう一度このページを読み返してください。

それでは，いよいよ本文に入ります。

1 真空ポンプ

1.1 真空ポンプの排気速度って何？

「定格 2 400 l/s のポンプでたかだか 100 l の真空容器を排気するのに 1 時間近くもかかる。真空メーカーはずいぶんサバを読むもんだ」。こんなことを思ったことはありませんか。じつはメーカーはそれほどサバを読んでいません。ではなぜ？

排気速度は単位時間（例えば 1 秒）に容器から排出する気体の体積で定義されていることを思い出してください。水や油などの液体は圧力が変わっても，体積はほとんど変化しません。ところが気体はどうでしょう。ここが，ミソです。高校で習った「ある体積のなかに含まれる気体分子の数は圧力に比例する」ということを思い出してください。そうです，容器の圧力が減れば，それだけ単位時間当りに排出される気体の分子数が減るからです。つまり気体の場合，「流量[†]」は体積だけでは規定できないのです。例えば，真空容器の圧力が 1×10^{-6} Torr のとき，ポンプにより単位時間当り排出された気体の分子数は真空容器の圧力が 1 Torr のときの，なんと 100 万分の 1 になっています。

じつを言うと，真空容器を所定の圧力まで排気するのにかかる時間を決めているのは，ポンプの排気速度のほかに真空容器の壁面からのガス放出があるのですが，話が脇道にずれるので，II 編で設問として取り上げます。

1.2 真空ポンプには気体を引き込む力はない？

あなたのもつ「真空ポンプ」のイメージを変えていただきたく，この文章を書いています。ポンプといえば，あなたはどんなイメージをもっていますか。

[†] ある時間にある面積を横切る分子の数と考えてください。

1. 真空ポンプ

9割方の人は"吸い込む"というイメージをもっておられるでしょう。人間の生存できる環境の気体を排気するときには，このイメージで致命的な問題はありません。ところが，圧力が低くなってくるとこのイメージは怪しくなります。容器の大きさによって変わりますが，おおよそ 10^{-3} Torr 以下では"ポンプ＝吸い込む"というイメージを捨ててください。そして，「**真空ポンプはアリ地獄**」というイメージに置き換えてください。

つぎに，真空ポンプのイメージを「酔っ払いで満員の電車」でたとえてみましょう。ここで「酔っ払い」とは気体の分子のことです。この「酔っ払い」が人間の酔っ払いと違うのは，何かにぶつかるまで進む方向を変えないことです。ここで，何かとは他の酔っ払いと電車の壁しかありません。電車とは真空容器の壁のことです。

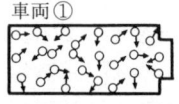
（a） 車両①は酔っ払いで満員です。

（b） この満員電車に空の車両②が連結されました。

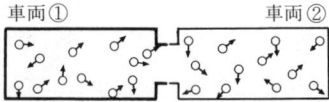
（c） 二つの車両を仕切る扉が開かれると，酔っ払いは押し合いへし合い車両②に流れていきます。しかし，車両①，②に違いはないので，時間がたてば同じ乗車率に落ち着くでしょう。

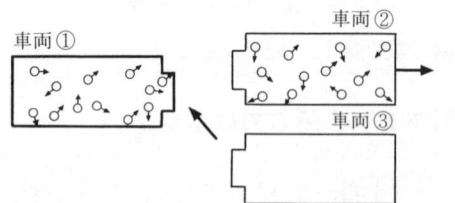
（d） 同じ乗車率になったら，二つの車両を仕切る扉を閉め，再び空の車両③を接続し…これを繰り返していくと，車両①から酔っ払いの数はどんどん減っていきます。

図 1.1 大気圧付近

1.3 真空領域とは　　5

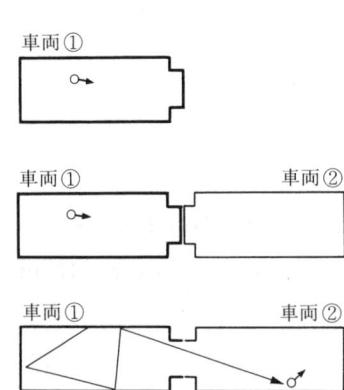
（a）今度は車両①に酔っ払いがただ一人乗っているだけです。

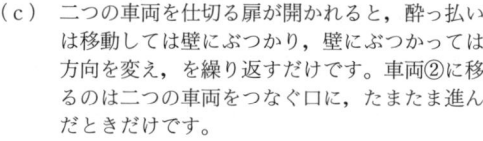
（b）この電車に空の車両②が連結されました。

（c）二つの車両を仕切る扉が開かれると，酔っ払いは移動しては壁にぶつかり，壁にぶつかっては方向を変え，を繰り返すだけです。車両②に移るのは二つの車両をつなぐ口に，たまたま進んだときだけです。

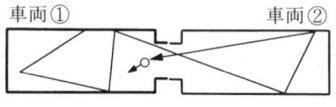
（d）もし，車両②にポンプとしての働きがなければ，酔っ払いがたまたま二つの車両をつなぐ口に進めば，車両②から車両①へ戻ってしまいます。つまり真空領域で，ポンプとは自分から飛び込んできた分子を戻さない装置ということになります。ポンプは，分子を引き寄せる装置ではありません。

図1.2　真空領域

　大ざっぱに，大気圧付近（**図1.1**），および真空領域（**図1.2**）の場合に分けて，分子（酔っ払い）の振る舞いを描いてみました。図1.1で，電車の車両①～③の性質にはまったく差はありません。真空容器と真空ポンプをはっきりさせるために分けただけです。

1.3　真空領域とは

　いままで漠然と「大気圧付近」，「真空領域」と呼んできましたが，境界は何Torrでしょうか。答えを先に言ってしまえば，装置の寸法によって決まるので絶対的な値はありません。ですが，それでは話が進みませんので，境界の目安を考えてみましょう。この境界をイメージするためには，「平均自由行程」という考えを理解してください。平均自由行程 λ（ラムダ）とは，注目する気

体分子が他の気体分子に衝突せずに動ける距離で,平均自由行程は圧力 P に反比例します。室温の空気では,おおよそ式 (1.1) のようになります。

$$\lambda = \frac{5 \times 10^{-3}}{P〔\mathrm{Torr}〕} \; 〔\mathrm{cm}〕 \tag{1.1}$$

例えば大気圧なら,圧力 $P = 760\,\mathrm{Torr}$ ですから,λ はおよそ $7 \times 10^{-6}\,\mathrm{cm}$,つまり 700 Å(オングストローム)です。では $P = 3 \times 10^{-7}\,\mathrm{Torr}$ なら,λ はどのくらいになるでしょうか。電卓で計算してみてください。そうです。170 m にもなります。

境界をどこに引くかという問題に戻ります。真空の定義を,「分子が,他の分子に衝突せずに,ある壁面から他の壁に移動できる圧力」としてみましょう。話しを具体的にするために,**図 1.3** で考えてみましょう。

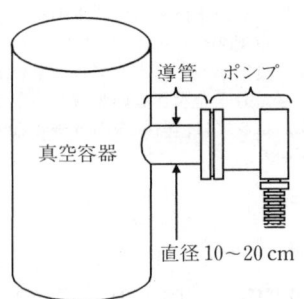

図 1.3　真空の定義(真空装置の模式図)

図 1.3 は真空装置を模式的に書いたものです。真空容器が配管によりポンプに接続されています。いろいろ考えるとたいへんなので,ここでは代表として壁から壁に垂直に飛ぶ分子を考えます。そうすると,「真空」となる条件が最も甘いのは,配管の直径方向に飛ぶ分子です。

例えば,皆さんがよく使われる 1 インチのフレキシブルチューブの直径は約 2.5 cm ですから,この直径方向に分子が飛ぶとき,他の分子に衝突しない条件は,上の式 (1.1) より,$5 \times 10^{-3} \div 2.5 = 2 \times 10^{-3}\,\mathrm{Torr}$ です。実際には,斜めに横切る分子もあり,バルブの部分などはこれより狭いので,この場合,きりのよい値として,$1 \times 10^{-4}\,\mathrm{Torr}$ が妥当な値でしょう。

1.3 真空領域とは

これまで，しつこく「真空領域ではポンプは分子を引き付ける力はない」と言ってきた一つの理由は，「装置の到達圧が低くならないので，大きな排気速度をもつポンプに取り替えたいのだが…」という相談を意外に多く受けるからです。皆さんもそう思っていたのではないですか。順を追って説明をしましょう。あなたがいまもっている装置が**図 1.4** の構成になっているとしましょう。ポンプの排気速度 $S = 150\,l/\mathrm{s}$，バルブのコンダクタンスは $300\,l/\mathrm{s}$ です。

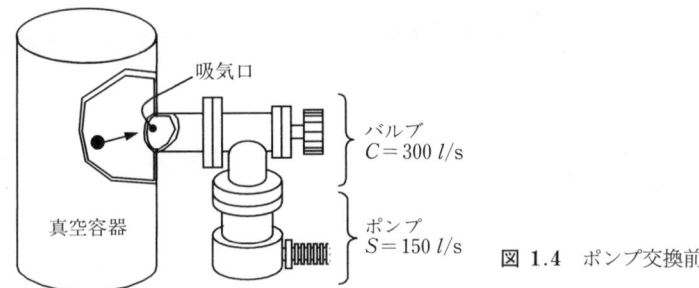

図 1.4 ポンプ交換前

図 1.4 で黒丸が気体分子で，矢印が速度を表すベクトルです。「真空領域ではポンプに分子を引き付ける力はない」ですから，排気されるとは，気体分子がたまたま排気口に入ること，さらにそれからバルブを運よく通り抜けてポンプの吸気口に入ることです。口径が大きいほど，分子が飛び込んだり通り抜けたりする確率が高くなります。したがって，実効的な排気速度は装置側の吸気口の口径とバルブの口径でほとんど決まってしまいます。つまり，大きなポンプに替えても，実効的な排気速度はさほど大きくなりません。

(例題 1.1) 無駄な改造 ━━━━━━━━━━

図 1.5 のように，ポンプを $500\,l/\mathrm{s}$ に替えた場合の吸気口での排気速度を計算してみてください†。変換ニップルの形状を半径 $5\,\mathrm{cm}$，長さ $10\,\mathrm{cm}$ としましょう（ヒント：付録 D などの公式集を見ながら，まず自分で考えてみてください）。

(解　答) まず，変換ニップルのコンダクタンスを求めましょう。変換ニップルは

---

† 一般に排気速度が大きいほど，ポンプは口径が大きくなります。したがって，たいていの場合，そのままでは排気速度の大きいポンプに替えることはできません。そこで図 1.5 のように，バルブとポンプの間に変換ニップルと呼ばれるアダプタを入れます。

8   1. 真空ポンプ

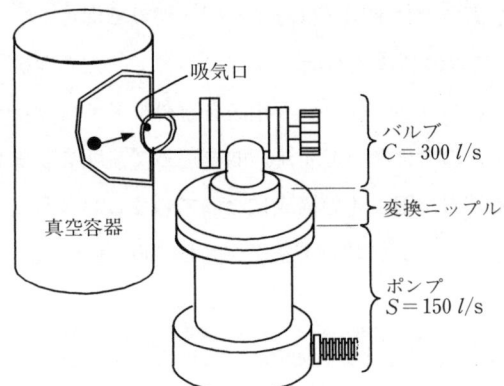

図 1.5 ポンプ交換後

長さ÷半径＜100 なので，短い直管のコンダクタンスの公式が適応できます。短い直管のコンダクタンスは付録Dから

$$C = \frac{3.64 \times A \times \sqrt{T/M}}{1+3L/(8a)} \quad [l/s] \tag{1.2}$$

ここで，温度 T〔K〕，排気する気体の分子量 M，配管の長さ L〔cm〕，配管の半径 a〔cm〕，$A=$配管の開口面積〔cm²〕。一般的な場合，温度 $T=298$ K($=25$ ℃)，排気する気体として空気の主成分である窒素 $M=28$ としましょう。また，変換ニップルの寸法より $L=10$ cm，$a=5$ cm，変換ニップルの開口面積 $A=\pi a^2=3.14\times(5)^2=78.5$ cm²。これらの数値を式 (1.2) に代入すると，変換ニップルのコンダクタンス C_N は

$$C_N = \frac{3.64 \times A \times \sqrt{T/M}}{1+3L/(8a)} = \frac{3.64 \times 78.5 \times \sqrt{298/28}}{1+3\times 10/(8\times 5)} = 532.7\, l/s \tag{1.3}$$

となります。さて，バルブと変換ニップルは直列に接続されているので，バルブと変換ニップルを合わせたコンダクタンス C_{BN} は，バルブのコンダクタンスを C_B とすると，付録D.2 の「コンダクタンスの合成」から

$$C_{BN} = \frac{1}{1/C_B+1/C_N} = \frac{1}{1/300+1/533} = 192.0\, l/s \tag{1.4}$$

となります。最後に，新設したポンプの公称排気速度 $S_0=500\, l/s$ ですから，実効的な排気速度 S_{NEW} は，付録D.3「ポンプの実効排気速度 S」から

$$S_{NEW} = \frac{1}{1/C_{BN}+1/S_0} = \frac{1}{1/192.0+1/500} = 138.7\, l/s \tag{1.5}$$

と求まります。ちなみに，改造をする前の実効的な排気速度 S_{OLD} は，改造前のポンプの公称排気速度 $S_0'=150\, l/s$ として

$$S_{\text{OLD}} = \frac{1}{1/C_B + 1/S_0'} = \frac{1}{1/300 + 1/150} = 100.0 \, l/s \tag{1.6}$$

となります．これから，ポンプを公称排気速度の大きなものに替えるだけでは，お金をかけたわりには排気速度の改善は望めないことがわかります．

1.4 真空ポンプのラインアップ

各種ポンプの守備範囲を**図1.6**にまとめておきましょう．図で横軸は装置の到達圧力，縦軸は装置のガス放出量です．ガス放出量とは，装置のリーク量，装置に導入するガスの流量，ポンプや装置の内壁からの脱ガス量の総和になります．また，左下から右上に走っている直線はポンプの実効排気速度[†1]です．各ポンプの守備範囲は平行四辺形で囲まれた領域[†2]です．

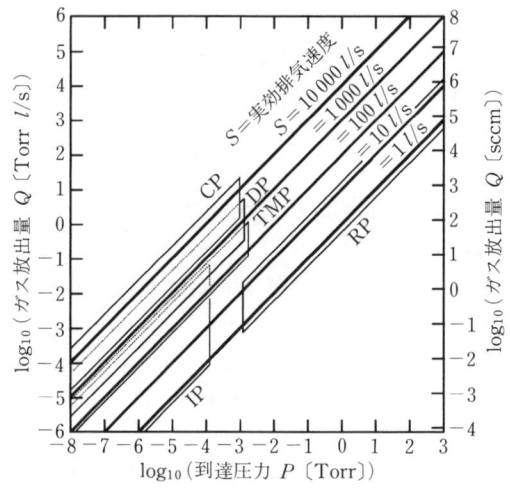

図 1.6 各種ポンプの守備範囲

---

†1 実効排気速度とは，真空槽の排気口（ポート）での排気速度を言います．
†2 TMP（ターボ分子ポンプ）を例にとるならば，ひと口に TMP といっても $50 \, l/s$ の小型のものから数千 l/s のものまで市販されています．ここでは，ポンプ形式という範ちゅうでまとめたので，守備範囲が平行四辺形になっています．

ガス放出量の単位として sccm が使われています。sccm の最初「s」は標準状態（standard state）を表します。つぎの cc は $1\,cm^3$ のこと。最後の m は分（minute）の m です。つまり、1 sccm とは標準状態の気体が1分間に $1\,cm^3$ 流れることを意味します。これと同様な表し方に s/m があります。これは標準状態の気体が1分間に $1\,l$ 流れることを意味します。くわしくは本文136ページ［sccm について］をご覧ください。

図1.6は、装置の設計をしたり、ガス流量を設定したり、あるいはヘリウムリークディテクターの指示値から到達圧を推定するのに便利なので、例を示しながら使い方を説明しましょう。

［例題1.2］　スパッタするときのガスの導入量 ◆◆◆◆◆◆◆◆◆◆

ターボ分子ポンプを使ったスパッタ装置を考えます。装置の実効排気速度†を $300\,l/s$ としましょう。スパッタするときの圧力が $1 \times 10^{-3}\,Torr$ であるとき、装置に導入するガスの量を見積もってみます（以下の文頭の①〜③は図1.7の同じ数字に対応します）。

［解　答］　①　図1.7に実効排気速度 $300\,l/s$ に対応する直線を引きます。

任意の実効排気速度に対する直線を引くときには、実効排気速度 S、ガス導入量 Q、装置の到達圧力 P の間に

$$Q = S \times P \tag{1.7}$$

なる関係があることを使います。式 (1.7) の両辺の対数をとると

$$\log_{10} Q = \log_{10}(S \times P) = \log_{10} S + \log_{10} P \tag{1.8}$$

となります。直線なので適当な二点の数値を求めてそれを結びます。例えば、$S = 100\,l/s$ の場合を考えてみます。到達圧力 $P = 10^{-8}\,Torr$ のとき、式 (1.8) より $\log_{10} S = \log_{10} 100 = 2$、$\log_{10} P = \log_{10} 10^{-8} = -8$。したがって、$\log_{10} Q = 2 - 8 = -6$。同様にして到達圧力 $P = 10^3\,Torr$ のときの $\log_{10} Q$ を求めれば $\log_{10} Q = 2 + 3 = 5$ となります。図1.6と比較してみてください。

②　スパッタ時の圧力（到達圧力）$10^{-3}\,Torr$ の点から上向きに垂線を引きます。

③　①の直線と②の垂線の交点が、求めるガス導入量の目安です。

◆◆◆◆◆◆◆◆◆◆

---

†　実際には、装置の実効排気速度はカタログに示されていないので、本書の付録などを参考にして自分で計算してください。このときあまり神経質に計算する必要はありません。というのは、例えば、実効排気速度が 20% 違って計算されてもその誤差の影響は、ガスの流量を変えるなどして補えるからです。

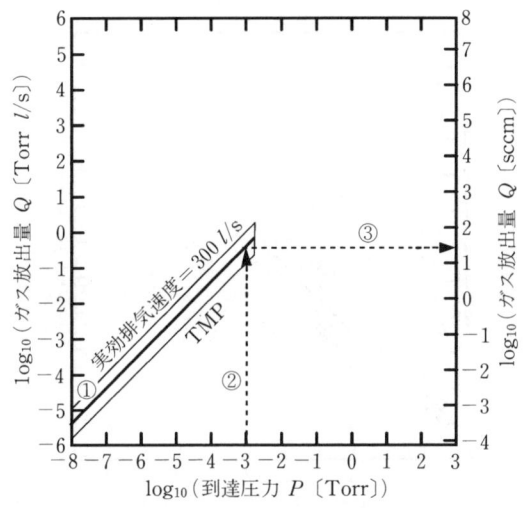

図 1.7　ガス導入量の目安を知る

以下に例題を二つ載せました。くわしい解説は省きますが，図を載せましたので参考にしてください。

(例題 1.3)　許容リーク量

この装置の到達圧を 10^{-7} Torr 以下にするため，装置に許されるリーク量の上限はどの程度の数値になるでしょうか（図 1.8）。

(解　答)　$\sim 3 \times 10^{-5}$ Torr l/s

(例題 1.4)　最大ガス導入量

この装置に 1 sl/m[†] のガスを流すことができるでしょうか（図 1.9）。

(解　答)　できません。

---

†　sl/m：標準の状態（例えば 298 K，1 気圧）の気体が 1 分間に 1 l 流れたときの移動した気体の流量（流量というのを誤解のないように言えば，単位時間に移動した気体分子の数）。

12   1. 真 空 ポ ン プ

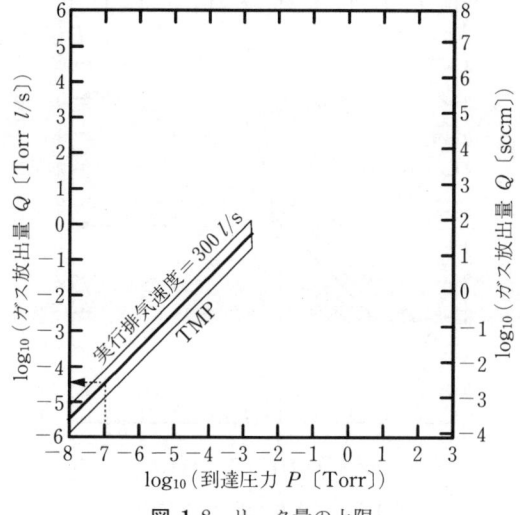

図 1.8　リーク量の上限

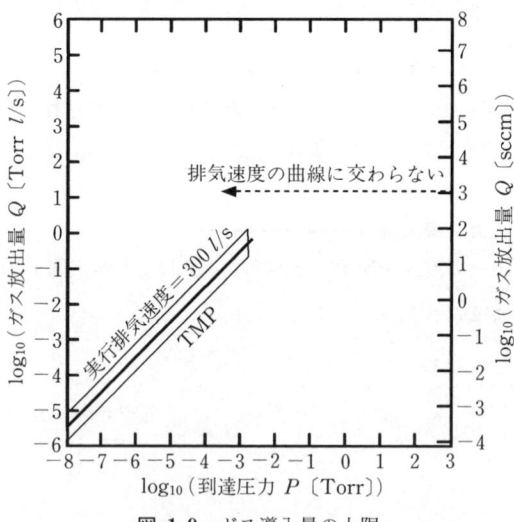

図 1.9　ガス導入量の上限

1.4.1 ロータリーポンプ

ロータリーポンプ（RP）の外形を図 1.10 に示します。

図 1.10　ロータリーポンプ
〔アネルバ(株)製品カタログより〕

RP は，粗引き，ターボ分子ポンプ（TMP）などの補助ポンプ，CVD 装置のメインポンプなど，非常に広い範囲で使われています（図 1.10）。仕組みの説明に入る前に，RP に機嫌よく働いてもらうためのコツをまとめておきます。

〔1〕 **RP を使うコツ**

新品購入のとき　型番のほかに，使用オイルを必ず指定すること。購入する RP の型番が以前のものとまったく同じでも，同じタイプのオイルが充てんされてくる保証はまったくありません。特に，活性なガスを扱う人は気を付けてください。メーカーには必ず，現在使っているオイルの「商品名」を伝えてください。これを怠ると，ポンプの再洗浄で済めばよいほうで，最悪の場合には人身事故につながります。

使用に際して　オイルの量，オイル漏れの有無，ポンプの音は毎日チェックする習慣をつけましょう。

なんらかの原因でポンプが停止した場合，RP のオイルは真空槽側に引かれます。オイルが真空槽まで達すると，装置は致命的な打撃を受けます。そのため RP にはふつう，油逆流防止弁が付いているのですが，**まったくあてになりません**。停止時は必ず吸気口を大気圧に戻してください。終夜運転をする場合は必ず適切なインターロック処置を施してください[†]。

[†]　アネルバ(株)などから「アイソレーションバルブ」の名称で発売されているものが簡便のわりには良好に動作します。

担当者が変わる場合，前任者からオイルの商品名を必ず聞いておくこと。原則として，違うオイルを使ってはいけません。

すべての装置に言えることですが，取扱説明書はけっして捨てないこと。必要なときは3分以内に取り出せるようにしておくことです。

メンテナンスを業者に頼むときに　特に，終夜運転をする装置の場合，1週間の連続運転テストを追加してもらうと，納入後のトラブルがぐんと減ります。

〔2〕 **RPのメカニズム**

RPは，先にお話しした「満員電車に空電車をつなぐ」方法によって気体を排気しています。ただし，効率よく排気を行うためにさまざまな工夫がなされています。RPとひと口に言っても，いくつかの型がありますが，皆さんが使っているほとんどが回転翼型(ゲーデ型)ポンプです。ここでは，ゲーデ型ポンプの排気機構を説明しましょう。回転翼型RPの概念図を**図1.11**に示します。

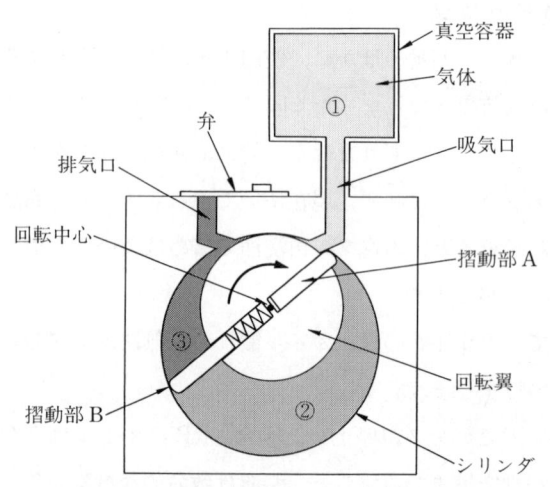

図 1.11　ゲーデ型ロータリーポンプ概念図

RPの内部では，図1.11に示したように①〜③の三つの空間に仕切られます。すなわち，①真空容器から摺動部A†までの空間，②摺動部A，Bで挟

---

†　摺動部A，摺動部Bと分けていますが，これは説明のためで，実際の構造上，なんら違いはありません。

1.4 真空ポンプのラインアップ

まれた空間，それと③摺動部Bと排気口に付けられた弁で挟まれた空間です。これら三つの空間は摺動部により気密化されています。RPで使われるオイルは気密を保つためと，回転をスムーズにするために必要不可欠です。

排気は，シリンダに偏芯して取り付けられた回転翼が回転することにより行われます。図1.12で排気の様子を追ってみましょう。

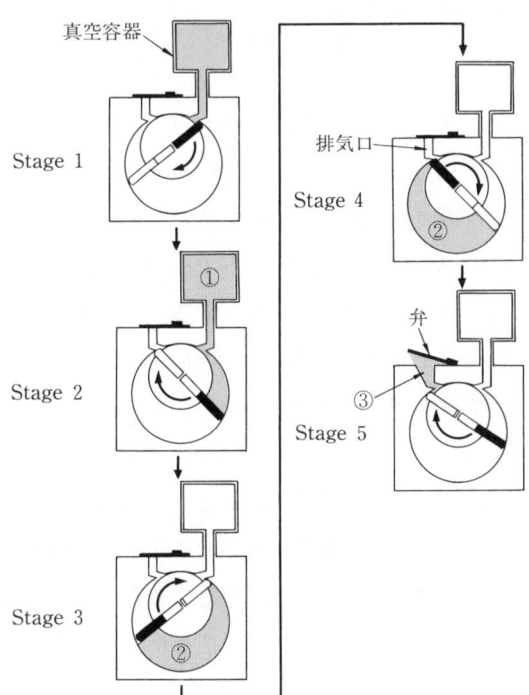

Stage 1：真空容器と黒い摺動部に挟まれた気体の行方に着目してみましょう。

Stage 2：回転翼は時計の針と同じ方向に回ります。回転するに従い①の空間の体積はどんどん大きくなっていきます。

Stage 3：さらに回転が進むと，②の部分の気体は，白と黒の摺動部によって真空容器から分離されます。

Stage 4：②の部分は白と黒の摺動部に気密されながら排気口へと導かれます。

Stage 5：弁と白い摺動部によって，気体は圧縮されていきます（③）。最初，弁は閉じていますが，圧縮が進み，③の部分の圧力が大気圧を超えると，弁が開き，③の部分の気体はポンプの外に放出されます。

図 1.12 ゲーデ型ロータリーポンプの排気過程

以上で排気過程の説明を終わりますが，II編で平衡蒸気圧という観点から排気過程を改めて考えてみます。

1.4.2 油拡散ポンプ

油拡散ポンプ（DP）の外形を図1.13に示します。

16 　1. 真空ポンプ

図 1.13　拡散ポンプ外見
〔アネルバ(株)製品カタログより〕

　DPの操作は，正直言って面倒ですが，上手に使ってやれば 10^{-10} Torr まで楽に到達します。また，つぎのターボ分子ポンプ（TMP）と違って機械的に運動する部分がないので，活性な気体を排気しても安心です。さらに，後でお話ししますが，イオンポンプ（IP）やクライオポンプ（CP）のように，排気する気体を選ぶというようなこともありません。特に注意する点は，カタログに載っている臨界背圧を絶対に守ることです。仕組みの説明に入る前に，油拡散ポンプに機嫌よく働いてもらうためのコツをまとめておきます。

〔1〕　DPを使うコツ

　新品購入のとき　　ポンプの型番だけでなく，使用油を必ず商品名で指定すること。いくら値段が安くても，原則として，指定以外の油を使ってはいけません。ボイラに使うヒーターは，さまざまな電源電圧に対応できるように，何種類か用意されている場合があります。注文に対しては，型番か，何ボルトの電源で使うかを業者に確実に伝えてください。

　使用に際して　　前任者から装置を引き継ぐときには油の商品名を必ず聞いておくこと。絶対，違う油を使ってはいけません。また，油の定期交換は忘れずに行ってください。

　コールドトラップを使っている場合，初心者や理屈がわからないうちはコールドトラップのベーキングは避けたほうが無難です。

　大切なことは何度でも書きます。マニュアル類は絶対になくさないこと。必要なときは3分以内に取り出せるようにしておくこと。

〔2〕 DP のメカニズム

DP の概念図を図 1.14 に示します。

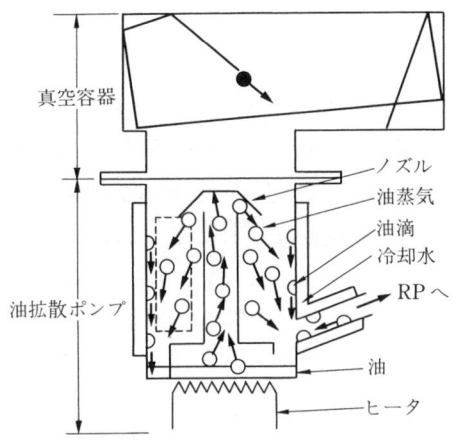

図 1.14 油拡散ポンプの動作原理

ポンプ作用は，油[†1] をヒータで加熱し，その蒸気をノズルから下に向かって噴き出させることによって得られます。真空容器からこの油蒸気の流れに飛び込んだ気体分子は，下へ下へと跳ね飛ばされ，最後は RP で排気されます。

このままですと，DP の油も RP によって排気されるので，高価な油の消耗が馬鹿にできません。さらに始末の悪いことに，真空容器へ拡散ポンプの油がどんどん飛び込んでいきます。拡散ポンプの油の平衡蒸気圧は大きくもなく，小さくもない値なので，装置に長いこと滞在します[†2]。そして，油の分子はなにかとトラブルの原因になります。冷却水は油の消耗を抑えるためだけでなく，真空槽の油の汚染を抑えるために絶対に必要です。さらに真空槽への油の汚染を抑えるため，たいていは，拡散ポンプと真空槽の間にコールドトラップ

[†1] DP に使われる油の蒸気圧や分解温度は，油の種類によって大きく違います。油蒸気をつくるためのヒータは使う油を想定して設計されているので，安易に油を替えると思わぬ大失敗をします。

[†2] 平衡蒸気圧が高ければ，すみやかに排気されます。低ければ，表には現れません。例えば，窒素と鉄（真空槽の材料としてよく使われるステンレスの主成分）の平衡蒸気圧を考えてみてください。寝た子を起こすな。真空技術の原則です。油は転寝（うたたね）している子どものようなものです。

が挿入されています。

このポンプのポイントは，ノズルから噴き出す油蒸気の速さが，排気される分子の速さと同程度であること。さらに，この油蒸気はノズルからポンプ内壁に至るまで，気体分子と何回か衝突するだけの密度がなければなりません。くわしい理屈は省きますが，このような油蒸気の流れを維持するためには，取扱い説明書に書かれている，臨界背圧と油の種類を守ることが絶対に必要です。

DPのイメージをより確実にするために，つぎの問題を考えてみましょう。

(例題1.5)　DPのメカニズムの確認 ━━━━━━━

DPのノズルから噴き出す油の状態は，DPの置かれた状況により変化します。先の概念図（図1.14）で，点線で囲まれた部分に注目してみます。点線で囲まれた部分のいろいろな状態をまとめたのが**図1.15**です。

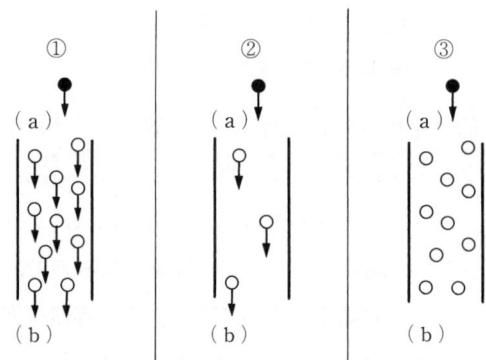

図 1.15　油拡散ポンプの概略図

図1.15で，白色の丸は油蒸気を，黒色の丸は排気される気体分子を表します。また，丸に付いている矢印は各分子の速度を表します。つまり矢印の向きが分子の移動方向を，矢印の大きさが分子の速さに比例します。

さて，図1.15で（a）から飛び込んだ気体分子が（b）より飛び出す確率を P_{ab}，（b）から飛び込んだ気体分子が（a）より飛び出す確率を P_{ba} とします。図1.15に描かれた①〜③の場合について，P_{ab}，P_{ba} の大小関係をまとめてみましょう。つぎの記号を使って答えてください。

　　格段の差がある；>>　　差がある；>　　同程度；〜
　　① $P_{ab} \Box P_{ba}$　　② $P_{ab} \Box P_{ba}$　　③ $P_{ab} \Box P_{ba}$

(**解　答**)　①　＞＞　　②　＞　　③　～

(**解答の補足**)　①　（a）から（b）へ向かう油分子は十分な速さと数をもっています。正常な運転状態に対応します。

②　油分子の速さは十分ですが，数が足りません。油の量が極端に少ないか，油が適切でないか，またはボイラのヒータが不良の場合です。

③　油分子が静止することはありませんが，DP が臨界背圧を超えた場合がこれに近い状態になります。

1.4.3　ターボ分子ポンプ

ターボ分子ポンプ（TMP）の外形を**図 1.16** に示します。

図 1.16　TMP の外見
〔アネルバ(株)製品カタログより〕

　TMP は，DP に比べて取扱いが簡単で，運転しているかぎりは，油蒸気の逆流の心配はありません。ただし，ポンプのなかでは羽根が数万 rpm[†] の高速で回転しているので，異物の混入や活性気体の排気には細心の注意が必要です。著者は真空の研究を始めたころ，TMP を使って活性気体を排気していて，TMP を昇天させたことがありますが，寿命が 2 年は縮みました。活性気体の排気をする場合，少しでも不安のある場合はメーカーに相談してください。自分の安全のためです。また，DP ほどではありませんが，長時間，臨界背圧を超えたままで使わないでください。

〔1〕　**TMP を使うコツ**

　新品購入のとき　　ものによっては，ポンプと電源とケーブルがセットになって調整されているものがあります。備品として購入する場合は業者によく確

---

†　revolutions per minute：毎分回転数。

認しておくこと。

使用に際して　意外に怖いのが，磁気浮上型のバックアップバッテリーの自然放電です。筆者はこれまで2回怖い思いをし，一度，周りのみんなを恐怖のどん底に陥れたことがあります。装置の引継ぎのときは，必ずバッテリーの有効時期の引継ぎも忘れずに。

活性気体（例えば有機金属，塩素，アンモニアなど）を排気する場合には，細心の注意を払ってください。少しでも不安がある場合には，ちっぽけなプライドなど捨ててメーカーに相談することです。

磁気浮上型以外は，回転翼の軸受けに油を使っています。そのため，運転を停止すると，特別な手段を講じないかぎりポンプのなかは油の飽和蒸気で満たされます。つまり，TMPだからといって真空槽が油で汚染される危険性は0ではありません。

〔2〕 **TMPのメカニズム**

TMPのなかを見ると，タービンそっくりの羽根が見えます。そのため，TMPを扇風機の親玉と考えていらっしゃる方をたまに見受けますが，誤りです。TMPが扇風機の原理で排気するのは操作ミスでTMPに大量の気体を排気させたときだけです。

TMPの回転翼の一部を横から見たものを図1.17に示します。

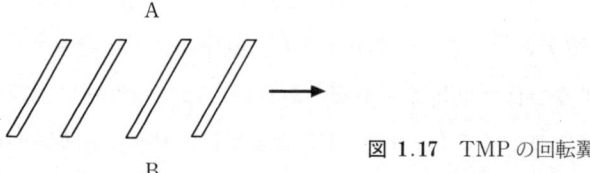

図 1.17　TMPの回転翼

下の一群の平行四辺形は回転翼を概念的に表したものです。翼が回転することは平行四辺形が右（矢印の方向）に動くことに対応します。さて，回転翼が分子と同程度の速さで動くとき，分子がAからBへ通り抜ける確率と，BからAへ通り抜ける確率の大小を考えてみましょう。まずAからBへ抜ける確率を考えてみましょう。図1.18は，AからBへ向かう分子と羽根の動きを時

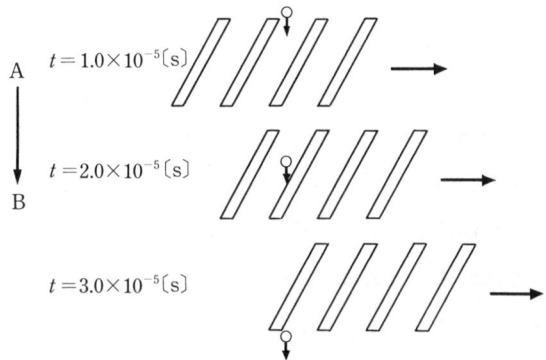

図 1.18 A から B に向かう分子と TMP の回転翼の動き

間を追って描いたものです。

　気体分子は羽根にぶつからず A から B へ抜けてしまいました。分子が回転翼を見ることができたとすると，回転翼が分子を避けているように感じることでしょう。

　B から A へ向かう分子に対してはどうでしょう。**図 1.19** を見てください。

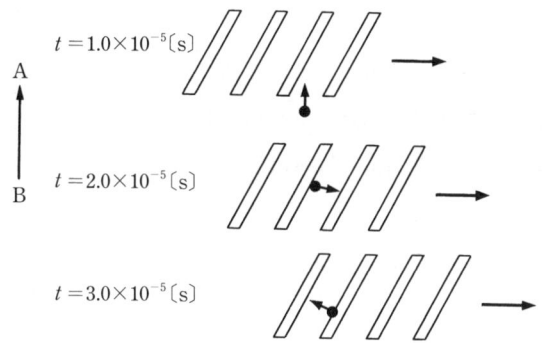

図 1.19 B から A に向かう分子と TMP の回転翼の動き

　気体分子から見れば，回転翼が自分に向かってくるように見えるはずです。気体分子が回転翼にぶつかる確率は，先の場合に比べるとずっと高くなるでしょう。回転翼にぶつかった分子は，必ずしも B 側に跳ね返されるとは限りませんが，B から A へ抜ける確率は，A から B へ抜ける確率より低そうです。

実際のTMPの構造はこれよりもはるかに複雑です。しかし，基本は上に述べたように，分子の通り抜ける確率の差を利用したものです。

これまでは，回転翼は気体分子と同じ程度の速さで回転している場合を考えました。つぎに，回転翼が分子の速度に比べて止まっているくらいの速さの場合を考えてください。分子がAからBへ抜ける確率もその逆の確率も差がないことが直観的にわかるでしょう。そうです，TMPのポイントは羽根が分子と同程度の速さで回転することにあるのです。

気体分子の速度は分子量の平方根に反比例するので，TMPにとっては，水素のような軽い分子よりもメタンや窒素分子のような重い分子の排気速度が大きくなります。

例えば，窒素分子（分子量28）は室温で平均500 m/sで飛び回っています。分子の飛ぶ速さは分子量の平方根に反比例することを考えると，分子量2の水素分子の平均の速さは $500 \times \sqrt{28/2} = 1\,900$ m/sと推定できます。一方，150 l/sのTMPの回転翼の半径は約5 cm（=0.05 m）で，500回転/秒=$500 \times 2\pi$〔rad/s〕程度で回っています。したがって，回転翼の先端の速さは $0.05 \times 500 \times 2\pi = 157$ m/sとなります。

回転翼を人に置き換えて，分子の速さを考えてみてください。人の歩く速さは6 km/h程度ですから，窒素分子は $6 \times 500/157 = 19$ km/h，自転車の速さに近く，水素分子は $6 \times 1\,900/157 = 73$ km/h，ちょっと飛ばしている車の速さに近い値です。窒素分子からみれば，回転翼の速さは無視できませんが，水素分子からみれば回転翼は止まっているも同然です。

1.4.4　イオンポンプとチタンサブリメーションポンプ

イオンポンプ（IP）とチタンサブリメーションポンプ（TSP）の外見を図1.20に示します。ずいぶん格好の違う二つのポンプですが，排気のメカニズムはほぼ同じです。DP，TMPと異なり油を使いませんので超高真空の装置に好んで使われます。ただし，大量のガスを排気する用途には向きません。また，あとでお話しするように，これらのポンプは排気する気体を選り好みするので注

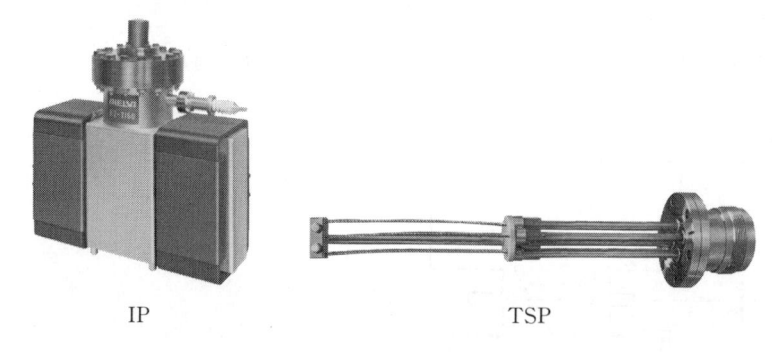

図 1.20 IP と TSP の外見〔アネルバ(株)製品カタログより〕

意が必要です。

〔1〕 IP, TSP を使うコツ

新品購入のとき　予備品をそろえるときは，同じ型番のものをそろえるようにしてください。

使用に際して　ポンプ内面を大気に曝(さら)さないことが長く使うコツです。理由はすぐあとでお話しします。装置によっては試料を装着するときに，ポンプ内面が大気に曝されるものもあります。そのときはF1レース並みの手際のよさで試料の装着を行い，大気に曝される時間を短くすることです。

これらのポンプは，希ガス類（アルゴンなど），そしてチタンと化合物をつくらない気体に対して無力であることを覚えておいてください[†]。

メーカーによっては，IP とノーブルポンプ[†]がまったく同じ格好をしているものがあります。これらのポンプは電極のプラスマイナスが逆ですので，間違っても電源の流用はしないでください。

〔2〕 IP, TSP のメカニズム

皆さんのなかには，チタンの真空蒸着をした後，装置内の圧力が，ぐんと低くなった経験をされた方は多いでしょう。これは装置の内壁に形成された清浄なチタン膜がきわめて活性で，気体分子と反応して安定な化合物を形成するか

---

† IP（イオンポンプ）には，アルゴンに対する排気速度を改善したものもあります。ノーブルポンプ，三極ポンプなどと呼ばれるものです。

らです。

清浄なチタン膜の活性さをポンプに利用したのがIPであり，TSPです。**図 1.21**にポンプの概念図を示します。

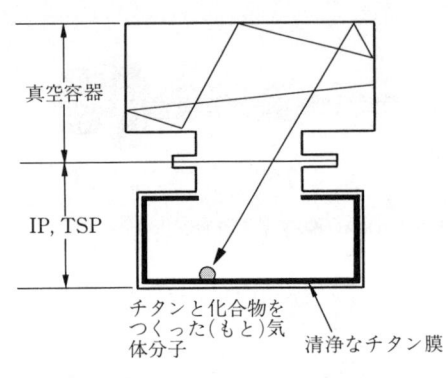

図 1.21　IPとTSPの動作概念図

最初は純粋であったチタン表面も，気体との化合物で覆われていくので，表に顔を出している純粋な部分の面積はしだいに減ってきます。それに従って表面の活性さが失われていきます。ポンプとして安定に動作するためには，純粋なチタンがいつも表に顔を出している必要があります。そのためには，こまめにチタン膜をつくってやればよいでしょう。チタン膜をつくる方法として，飛んできた気体分子でチタンエレメントをスパッタしてつくるのがIP，チタンの蒸着によるのがTSPです。

いずれのポンプもチタンの活性さ（ゲッター作用といいます）を利用したものですから，チタンと安定な化合物をつくらない気体分子に対してはポンプとして働きません。

例えば，アルゴンなど希ガスは排気速度がぐんと落ちます。また，TSPは，希ガスのほかに，メタンに対してもポンプとして働きません。これは，IPの場合，気体分子がイオン化チタンにぶつかる際，分解したり，めり込んだりするのに対し，TSPではチタンのゲッター作用だけを利用しているからです。

原理からいって，この種のポンプは一度に大量の気体を排気することはできません。つまり，先にお話ししたTMPやDPでは吸気口に飛び込んできた気体分子を排気するのに，ポンプのなかで消耗していくものはありません。とこ

ろが，IPやTSPでは排気するためにはポンプ内に設けられたチタンエレメントやフィラメントを消耗します。

例えば，気体分子の圧力が 10^{-6} Torr のとき，およそ 1 秒間で表面に顔を出している原子と同じ数の気体分子が表面にぶつかります。以下に，少し乱暴な見積もりをしてみましょう。

これらの気体分子をすべて化合物として表面に吸着させるためには同量のチタン薄膜を形成する必要があるでしょう。詳細は省きますが，チタンの原子の大きさを考えると，およそ 1μm/h の速さでチタン薄膜を形成してやれば上の条件は満足されます。これは実現不可能な値ではありません。

では気体分子の圧力が 10^{-4} Torr のときはどうでしょう。同様な考察により 100μm/h でチタン薄膜を形成してやらなければなりません。この値がどんなに過酷な値かは真空蒸着をやった人ならばすぐわかると思います。これではポンプがたまったものではありません。

あと，TSP 固有の注意ですが，TSP はチタンフィラメントに通電するなどしてチタン薄膜を形成しています。そのため，ポンプを動作させると多量の熱を発生します。そのままにしておくと，この熱により装置が暖められ，排気する気体より装置内壁から放出される気体のほうが多いという，とんでもない状態になります。冷却は，装置の取扱説明書に従って必ず行ってください。

1.4.5 クライオポンプ，ソープションポンプ

クライオポンプ（CP）とソープションポンプ（SP）の外見を**図 1.22** に示します。これらのポンプも形は違いますが動作原理はまったく同じです。いずれのポンプも油を使わないので，クリーンな真空を得るために好んで使われます。CP はメインポンプとして，SP は粗引きポンプとして使われます。筆者は CP を使ったことがないので，今回は SP のコツだけです。

〔1〕 SP のコツ

新規購入に際して　SP のなかに充てんするモレキュラシーブ（日本語にすれば分子の篩(ふるい)）にはさまざまなタイプがあります。タイプによって篩の目

1. 真空ポンプ

クライオポンプ　　　　ソープションポンプ

図 1.22　クライオポンプとソープションポンプの外見
〔アネルバ(株)製品カタログより〕

の大きさが違います。目の大きさは排気特性に大きな影響を与えるので，必ずポンプ指定のものを使ってください。

使用に際して　ポンプからバルブの間を同じ温度で加熱することが，モレキュラシーブを再生するときのコツです。

このポンプは暖まると安全弁からこれまで吸ったガスが出てきます。絶対に危険なガスの排気には使ってはなりません。命あっての物種です。すべてにいえることですが，人身事故を起こしたら，あなたの研究者人生はそこでおしまいと思ってください。

安全第一。そのためには日ごろから情報を収集しましょう。そして失敗経験を積みましょう。しかし，失敗はしてみないと，その影響がわかりません。これくらい大丈夫だといって，アンモニア水の臭いを嗅いで卒倒するようなことも起こります。ですから，最高の師匠は，失敗をたくさんしているにもかかわらず研究者を続けている先輩です。大切にしてください。

〔2〕　CP, SP のメカニズム

皆さんは，ジョッキに冷えたビールを注いだとき，しばらくするとジョッキの周りに水滴が付くことを知っていますね。これは，ジョッキの表面の温度が周りより低いので，空気中の水分がジョッキの表面に凝集したためです。あと

の章でくわしくお話ししますが，物質は固有の平衡蒸気圧†をもちます。この平衡蒸気圧が低いほど物体の表面から飛び出す分子の数は少なくなります。平衡蒸気圧が温度により変化する様子を図 1.23 に示します。

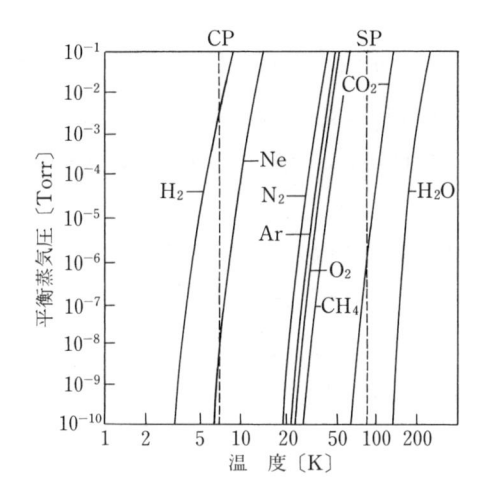

図 1.23 平衡蒸気圧の温度依存性の一例

図1.23から，温度が下がるとともに平衡蒸気圧が桁(けた)単位で減っていることがわかります。上のビールジョッキの言葉を借りれば，ビールジョッキの表面の温度が下がれば，吸着した水分子が表面から再び空間に戻る確率は激減することになります。つまり，水分子がジョッキ表面に固定されることになります。さらに追い討ちをかければ，この現象は気体分子からみれば，行きはよいよい，帰りはだめよの「アリ地獄」。つまり，ポンプです。

このような，気体の低温面への吸着を利用したのがCPであり，SPです。二つのポンプの違いは，CPが液体ヘリウム温度に近い低温面（5〜10 K）なのに対して，SPでは低温面が液体窒素（77 K）温度であることです。各温度における平衡蒸気圧の傾向から，到達圧力においてCPがSPに勝る理由が納得していただけると思います。

図1.23を見ると，水素やネオンの蒸気圧は，CPの動作温度でも，結構，

---

† くわしくはII編の5章「平衡蒸気圧」をご覧ください。

高いことがわかります。これらの気体を排気するために，「気体は，平らな面よりも，分子と同程度の寸法のくぼみに吸着しやすい」という性質を利用します。分子と同程度の寸法をもつものとして，活性炭やゼオライトが用いられます。活性炭は，冷蔵庫やタバコのヤニ取りなどでおなじみだと思います。

ゼオライトは，鉄鉱石，柘榴石（ざくろいし）というような，鉱物のグループ名です。日本名は沸石（ふっせき）と呼ばれ，湯河原や，長野県の上田市で，きれいな結晶が採集できます。ただ，私たちが「モレキュラシーブ」と呼んで使っているのは，人工のゼオライトです。

ゼオライトや活性炭の特徴は，排気する気体分子と同程度の寸法（つまりÅ）の空間を膨大にもっているということです。カタログによると，モレキュラシーブ1gの表面積は600m^{2}もあるそうです。この数字がどんな意味をもっているか興味のある方は，1.4.6項の補足事項「SPと平衡蒸気圧について」をご覧ください。

ビールを飲み干し，ジョッキが暖まると，ジョッキの周りの水滴は，蒸発してしまいます。これと同じで，SPやCPも暖まると吸着していた気体がどっと出てきます。その様子は，図1.23を見ていただければ，温度がちょっと上がっただけで平衡蒸気圧が急激に変わる様子からおわかりいただけると思います。このように，SPやCPは吸蔵していた気体がポンプの温度が上がることにより再放出してしまいます。これが，IPやTSPと決定的に異なる点です。つぎのいくつかの問題を考えてみてください。

（例題1.6）　ソープションポンプの爆発　━━━━━━━━━━

容積20 l の真空容器を容積2 l のSPで大気圧から10^{-3} Torrまで排気した後，SPの吸気口のバルブを閉じた。SPの安全弁が開かなかったら，SPの温度が室温に戻ったとき，ポンプの内圧はおよそどのくらいになるでしょうか。

（解答）　この問題の目的は，SPの「（あの貧弱な）安全弁」にリークがあるからといって，手動のバルブに替えると，どんなに危険かを知ってもらうことです。したがって，この問題では細かい数値は問題になりません。

問題の状況を考えましょう。

最初，真空容器には大気圧（760 Torr）の気体が20 l 入っています。SPで排気し

た後の圧力が 10^{-3} Torr ということですから，真空容器のなかに入っていた気体分子が全部 SP のなかに移った，と考えてよいでしょう。

さて，今度は SP を考えましょう。SP の容積は 2 l ですが，なかにはモレキュラシーブがぎっしりと詰め込まれています。ですから実際に気体分子が占める体積は 2 l よりもずっと小さくなるはずです。でも，ここでは楽観的に，SP で気体が占める体積を 2 l とします。

真空容器を SP で排気するということは，真空容器のなかにあった気体を SP に移動するということです。SP が冷えている間は気体はおとなしくしていますが，室温に戻ると体積は 20 l になろうとします。でも SP の容積は 2 l しかありませんし，風船のように膨らむこともできませんので，圧力が上昇することになります。

SP のなかの圧力がどのくらいになるかと言いますと，760 Torr で 20 l だったものが 2 l の空間に押し込まれるのですから，ボイルの法則を出すまでもなく，約 760×20/10＝7 600 Torr＝10 気圧になります。これは，すでにお話ししたようにかなり楽観的な見積もりです。

つぎに 1 気圧とは地球上で 1 cm² に 1 kg 荷重がかかった状態です。ならば 10 気圧とは 1 cm² に 10 kg 荷重がかかった状態です。20 l の灯油缶に半分水を入れたときの重さです。メーカーの SP はここまで考えて，強度設計や安全弁が付けられています。安全弁を手動弁に替えたりしなければ問題はないでしょう。注意しなければならないのは，ポンプとは思わずにガラスの密封容器に吸着材を入れて，冷やした場合です。ガラス容器が密閉されていると「爆発」ということも起こりかねません。くれぐれもご注意を。

1.4.6 補足事項

じつはいままでの説明は，だいぶ筋を端折っています。いま，ある装置をマニュアルに従って動かしているうちは問題は起こりませんが，将来，自分で装置を設計しようとする場合，不都合が生じます。じつを言いますと，真空技術で最も重要な概念を一つ選べと言われれば「平衡蒸気圧」と言われるくらい，平衡蒸気圧は重要な概念なのです。

それを，先の SP のような簡略化した説明で平衡蒸気圧を通り過ぎてしまうのは，著者としてはたいへん心残りです。少し寄り道になりますが，SP が出たのをよい機会に平衡蒸気のお話しをしたいと思います。ただし，説明は少し

込み入りますので，初学者の方は「必ず」読み飛ばしてください。

SPと平衡蒸気圧について （初学者読むべからず）

水蒸気のように，液体窒素温度で平衡蒸気圧が極端に低くなる分子に対して，低温面がポンプとして働くことを理解していただけたと思います。では，窒素はどうでしょう。77 K窒素の平衡蒸気圧は760 Torrです。いままでの説明，つまり「SPの到達圧力＝平衡蒸気圧」ということでは，SPは窒素を排気できないことになります。でも，現実には立派に排気します。

ここでは，窒素のように77 Kでも平衡蒸気圧の高い気体をSPが排気するメカニズムを考えてみたいと思います（図1.24）。

760×77/298＝196 Torr

760 Torr

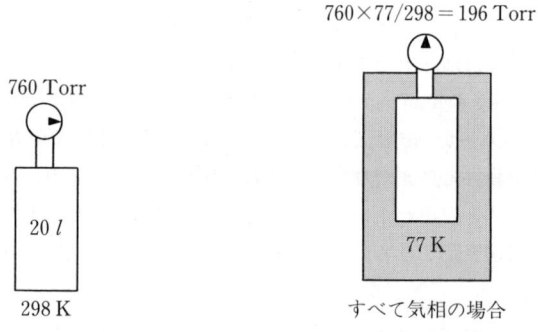

20 l
298 K

77 K

すべて気相の場合

図 1.24　気密容器を窒素で満たす　　図 1.25　気密容器を液体窒素温度
　　　　　（室温）　　　　　　　　　　　　　　　　まで冷やすと…

20 lの丈夫なステンレス気密容器があります。気密容器の圧力がわかるように，圧力計が取り付けておきましょう。室温（298 K）で，この容器を窒素で1気圧（760 Torr）まで充てんしてやります。つぎにこのステンレス気密容器を液体窒素のなかに放り込んだとします（図1.25）。

ステンレス容器の温度が液体窒素温度（77 K）になったとき，圧力計はいくらを示すでしょうか。そこで，登場するのが高校のときに習った気体の状態方程式です。$PV=nRT$というあれです。もちろんPは圧力，Vは体積，nは容器中の窒素分子のmol数，Rは気体定数，Tは温度です。いまの場合，容器の体積と窒素分子数は一定ですので，圧力は温度に比例します。したがっ

て，77 K になったときの容器の圧力を P_{77} は

$$P_{77} = \frac{T_{77}}{T_{298}} P_{298} = \frac{77}{298} \times 760 = 196 \,〔\text{Torr}〕$$

となります。ここで，下付きの添え字は密閉容器の温度を表しています。

だいぶ現実に近くなってきました。少し補足します。ここで求められた P_{77} には，ある仮定が含まれています。それは，「窒素は密閉容器の内側にすべて気体として存在する」という仮定です。なにしろ，使ったのが気体の状態方程式ですから，容器内側の表面への吸着など一切考えていません。

もし，気体分子のうちで，容器の吸着してなかなか気相に戻りたがらないものがいるとすれば，容器のなかを気体として飛び回っている窒素分子の数は減ることは確かです。ということは，圧力が減るということです。先の気体の状態方程式を見てもわかるように，圧力は「気体」として存在する分子の数に比例しますから。

いままでのお話しで，容器の内表面に吸着する窒素分子の数を多くしてやれば，容器の圧力を下げられることがわかりました。では，いまの例で，窒素は容器の表面に液体窒素として安定に存在できるのでしょうか。そこで，まず，容器のなかに入っている窒素分子を容器の内側に敷き詰めたらどのくらいの厚さになるか見積もってみます。

$20\,l$ のステンレス密閉容器の内側の表面積を求めてみましょう。簡単のため，容器を1辺の長さ L〔cm〕の立方体とします。立方体の体積は L^3 ですから，$L^3 = 20\,l = 20 \times 1\,000\,\text{cm}^3$，これから $L = 27\,\text{cm}$。立方体の表面は一辺 27 cm の正方形6個で構成されていますから，表面積は $27 \times 27 \times 6 = 4.42 \times 10^3\,\text{cm}^2$ となります。

一方，窒素分子を，じゅうたんのように一分子層の厚さで敷き詰めたとすると，$1\,\text{cm}^2$ 当りおよそ 10^{15} 個詰められます。もともとステンレス容器のなかに約 1 mol の窒素分子が入っていたのですから†，容器のなかの窒素分子を一分

---

† 理想気体が 0°C，1気圧で 22.4 l 占めることからの概算です。まじめに計算すると 0.82 mol ですが，この際，2割程度の誤差は無視します。

子層の厚さに敷き詰めると，$1\,\mathrm{mol}=6\times10^{23}$ 個ですから，$1\,\mathrm{cm}^2\times(6\times10^{23}\div10^{15})=6\times10^8\,\mathrm{cm}^2$ となります。

　窒素を一原子層の厚さで敷き詰めたときの面積を，ステンレス容器の表面積で割ってやると，窒素がすべてステンレス容器の表面に吸着したときの層数が出てきます。$6\times10^8\div4.42\times10^3=1.35\times10^5$ 層となります。約10万層となることがわかります。窒素分子の大きさをオングストロームのオーダー（10^{-10} m）とすると，10万層の厚さは $10^5\times10^{-10}=10^{-5}$ m。つまり $10\,\mu\mathrm{m}$ のオーダーです。薄そうに感じますが，最表面の窒素分子と，最底面も窒素分子の間に10万個も窒素分子があることを考えれば，立派な液体窒素です。

　容器のなかの窒素が，容器の表面にすべて吸着したとすると約 $10\,\mu\mathrm{m}$ の厚さの液体窒素の膜ができるところまでお話ししました。つぎはこの液体窒素の膜が安定に存在できるか否かを考えます。ここで，いよいよ平衡蒸気圧の登場です。「平衡」を砕いて言えば「バランス」です。何がバランスしているかと言えば，「気相から液相に飛び込む分子」と「液相から気相へ飛び出す分子」の数です。そして，平衡蒸気圧とはこのような「バランス状態」が保たれているときの気体の示す圧力のことです。

　飛び出したり飛び込んだりする分子の数と圧力の関係は，本書の付録 D.6 に「入射頻度，蒸発量 J」として載せている

$$J=3.5\times10^{22}\times\frac{P\,[\mathrm{Torr}]}{\sqrt{MT}}\left[\frac{\text{個数}}{\mathrm{cm}^2\cdot\mathrm{s}}\right] \tag{1.9}$$

で表されます。なお，M は分子量，T は温度です。J は単位を見れば，一種の流束（flux）を表していることがわかります。そこで，以下 J のことを流束 J と呼びます。また，式から M と T が一定の場合，流束 J は圧力 P に比例することがわかります。そこで M と T が一定の場合の圧力を「等価的圧力」と呼び，単なる圧力 P と区別するために P_e と表すことがあります†。等価的圧力 P_e の単位は圧力ですが，言わんとしているのは「流束」です。以下，等

---

　† MBE 法による結晶成長で常套(とう)的に使われています。

価的圧力 P_e を使いますので，念のため．

窒素の場合を例にとって説明しましょう．77 K で窒素の平衡蒸気圧が 760 Torr ということは，$P_e=760$ Torr に相当する流束 J で液体窒素（液相）から気相に窒素分子が飛び出し，気相から同数の窒素が液相に飛び込んでバランスがとれているということです．もちろんこの状態の容器の圧力を測れば 760 Torr となります．

さあ，ここで例に戻ります．**図 1.26** を見ながら読み進めてください．

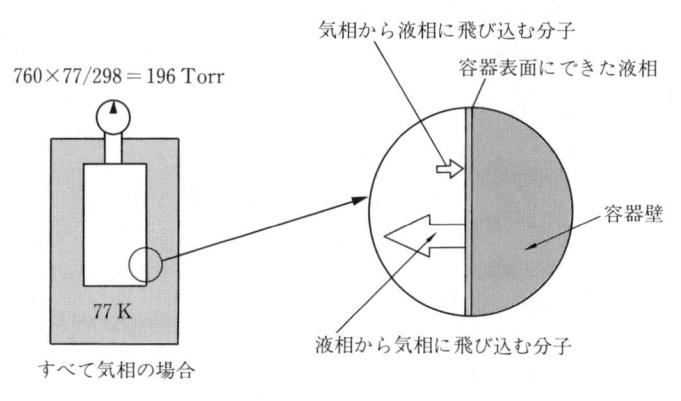

図 1.26　液体窒素温度まで冷やされた表面

すでに計算したように，77 K に冷やされた 20 l 容器に詰めた「気体の」窒素の圧力は 196 Torr でした．これから，気相から液相に飛び込む窒素の $P_e=196$ Torr です．

一方，容器の内壁に液体窒素の膜ができたとし，そこから気相に飛び出す窒素の P_e は，すぐ前の段落でお話ししましたように，$P_e=760$ Torr です．つまり，液体窒素の膜から飛び出す量が，液体窒素の膜に飛び込む量を上回っています．これではとても，容器の内壁に液体窒素の膜が安定に存在しそうもありません．100°C に熱したフライパンの上に大さじ 1 杯の水を注いだときを考えてみてください．100°C における水の平衡蒸気圧は 760 Torr，湿度は … それよりも低いでしょう．フライパンに注いだ水はすぐになくなってしまいます．

さあ，ここでモレキュラシーブ（SP のなかに充てんされている乾麺の切り

くずのようなもの）の登場です。モレキュラシーブの特徴は二つあります。一つは表面積がきわめて大きいこと。28ページに示したように1g当り$600\,\mathrm{m}^2$あるそうです。SPには1000gほど充てんしますので，SPの表面積は，モレキュラシーブを充てんすることにより$600\,\mathrm{m}^2 \times 1000 = 6 \times 10^5\,\mathrm{m}^2 = 6 \times 10^9\,\mathrm{cm}^2$と信じられない広さになります。この広さは，先に見積もりました，$20\,l$のステンレス容器に入っている窒素分子を，じゅうたんのように並べたときの面積$6 \times 10^8\,\mathrm{cm}^2$の10倍にもなります。

　二つ目は，モレキュラシーブが分子と同じ程度のすきまをもっていること。モレキュラシーブを直訳すると「分子の篩（ふるい）」となります。篩とは餃子をつくったりするときに使う，あの，目の細かいざるのことです。分子の寸法と同じ程度の目ををもっているということです。

　さあ，この二つの特徴「大表面積」，「分子と同程度のすきま」とポンプ作用の関係を考えてみます。順序は逆になりますが，まず，「分子と程度のすきま」。これが重要です。その理由を模式的に図1.27に示しました。

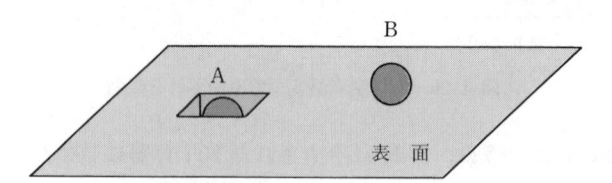

五つの面で囲まれているAのほうが，一つの面で表面に接しているBよりも安定

図1.27　モレキュラシーブの効果

　分子は，一般に，ある程度の距離まではおたがいに引き合います。表面が真っ平（たいら）な場合の引き合う効果を1とします。では，分子が図1.27のように分子と同程度のすきまに，はまった場合はどうでしょう。真っ平な面と同様な位置関係にある面が1から5に増えました。分子にとっての居心地のよさは，大ざっぱに，5倍になったと言えるでしょう。したがって，表面が真っ平な場合に比べ長い時間，分子を滞在させておくことができるようになります。分子が表面に長期滞在するということは，気相中の分子の減少を意味します。というこ

とは，窒素ガスの示す圧力が減るということです。

　つぎに大表面積です。すでにお話ししましたように，モレキュラシーブを入れた SP は驚くべき表面積をもっています。そのため，窒素分子は，層をつくらずに，モレキュラシーブの上に直接吸着することができます。モレキュラシーブの表面に吸着したほうが，すぐ前にお話しした理由で，より安定に窒素分子は表面に滞在できます。

　非常に長い補足でした。まとめましょう。ずばり，SP の排気の秘密はモレキュラシーブの「大表面積」，「分子と同程度のすきま」という特徴にあります。いままでの説明ですでにお気づきかもしれませんが，このすきまに先客（つまり他の吸着分子）がいれば，効果的に排気はできません。さらにこのすきまが十分に冷えていなければ効果的に排気はできません。つまり，SP を効果的に使うには，こまめに再生すること。そしてモレキュラシーブを均一に冷やすこと。お疲れさまでした。言い忘れました，クライオポンプ（CP）で水素が排気できるのも，なかに入っている活性炭のおかげです。

2 真空計

　本章で言いたいことは，真空計の原理でも，蘊蓄でもありません。「プロは，真空計の指示値が何の圧力を表示しているのかを，つねに意識してほしい」ということです。厳しい言い方をすれば，真空計の指示値の意味を意識せずに装置を使っているうちは素人ということです。

　真空計の指示値が何を指しているかがわかるようになるのは，40％の経験と，60％の知識によります。ですからそう難しいことではありません。本章では60％の知識のうち，キモ（肝）となる部分をお話しいたします。

　まず，真空計のアウトラインをお話ししてから，よく使われる真空計の原理についてお話ししましょう（図 2.1 は B-A ゲージのヘッド）。

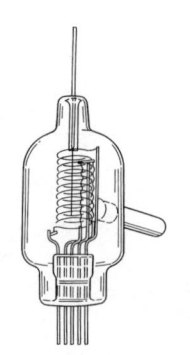

図 2.1　B-A ゲージヘッド
〔麻蒔立男：薄膜作成の基礎（第 2 版），日刊工業新聞社（1984），p.33 より〕

2.1　動作原理による真空計の分類

　真空計に関して大まかなイメージをもっていただくために，動作原理によって真空計を分類してみましょう（表 2.1）。

　表 2.1 のように，普段よく使われる真空計の動作原理は大別して，圧力差に

表 2.1 動作原理による真空計の分類表

原理	名称	守備範囲〔Torr〕	ガス種による感度の差
圧力差による弾性変形を利用する	ブルドン管	$10^2 \sim 2\times10^5$	なし
	バラトロン	$10^{-4} \sim 1\times10^3$	なし
気体分子による熱伝導による	熱電対真空計	$10^{-3} \sim 1\times10^0$	あり
	ピラニ真空計	$10^{-3} \sim 1\times10^0$	あり
電子による気体の電離作用による	ワイドレンジ B-A ゲージ	$10^{-8} \sim 10^{-2}$	あり
	B-A ゲージ	$10^{-8} \sim 10^{-4}$	あり
	ヌードゲージ	$10^{-11} \sim 10^{-4}$	あり

(注) バラトロンは商品名です。正式には電気式隔膜真空計と呼びます。

よる弾性変形を利用したもの，気体の熱伝導を利用したもの，電子の電離作用によるもの，の三つになります。

ここで注意したいのは，「圧力差による弾性変形を利用したもの」以外は，気体の種類により感度に差があります。つまり，真の圧力が5×10^{-7}Torr でも，真空計の指示値は，測定する気体の種類により，5×10^{-7}Torr より高くなったり，低くなったりするということです。

2.2 真空計の存在理由

各真空計の個別の仕組みについて話を進める前に，真空計の存在理由について考えてみましょう。初めて真空装置（特に超高真空装置）を見られた方は装置というよりは「偏執狂の芸術」というイメージを抱かれるのではないでしょうか。「偏執狂…」は著者の知り合いの課長の言葉です。

でも，本当は，超高真空装置ほど理詰めでつくられた装置はありません。たくさんある計測器もちゃんと意味があるのです。なにも，計測器をたくさんもっていることを自慢したくて，多くの計測器を付けているわけではありません。そこで，真空計の存在理由を考えていただくためにいくつかの問題を解いてみます。問題を解くにあたっては，1章「真空ポンプ」を参考にしてください。

38   2. 真空計

(例題 2.1) 真空計の選定と設置 ━━━━━━━━

Al（アルミニウム）の真空蒸着装置（1室構成）をつくりたい。必要な真空計の種類と設置場所を示しなさい。ただし，高真空排気には TMP を用い，蒸着速度は水晶振動子で測定するものとします。

(解 答) まず装置のブロックダイヤグラムを描いてみましょう（**図 2.2**）。装置を構築する際は，まず自分が何をしたいかを「一つ」に絞ること。それから，装置のブロックダイヤグラムを描いてみることです。

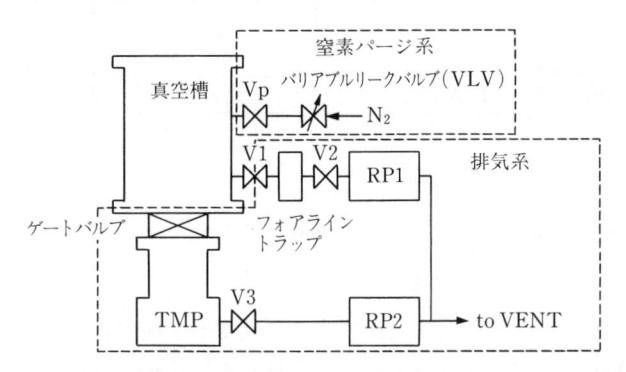

図 2.2 装置のブロックダイヤグラム

装置は，Al の蒸着を行うための真空槽，窒素パージ系，それと排気系からなります。排気系は粗引きのためのロータリーポンプ（RP1），本引きのためのターボ分子ポンプ（TMP）とロータリーポンプ（RP2）から構成されます[†]。なお，ブロックダイヤグラムでは，水晶振動子および蒸着のための電気系統，RP 停止時の RP 窒素パージ系は略してあります。

あと，ダイヤグラムで，フォアライントラップとは，粗引きのとき RP1 の油蒸気が真空槽に拡散するのを防ぐためのものです。VENT とは，実験室に用意されている排気口のことです。ちょっと寄り道をします。Vp，VLV および V1 から V3 のバルブがなぜ必要なのか考えてみてください。

考えましたか。最初に Vp です。バリアブルリークバルブは，1台20万円もする高級なものを除いて，一般に封じ切る能力がよくありません（内部リークが多いと言います）。そこで，真空排気中にバリアブルリークバルブ（VLV）を通してパージ用窒素が真空槽に流れるのを防ぐために Vp を入れます。

VLV はバリアブルリークバルブです。試料を出し入れするのに，真空槽を窒素な

[†] この例では RP（ロータリーポンプ）を2台使っています。1台のポンプを粗引きと TMP の補助に兼用するのに比べ，扱いや構成が簡単になり装置価格も差はありません。

どで大気圧にする必要があります。このとき，急激に窒素を導入すると，真空槽の底にたまったごみなどを巻き上げ，大事な試料を台なしにする場合があります。真空槽をゆっくりと大気圧に戻すためにバリアブルリークバルブはたいへん便利です。すでにVpを付けていますので，ここでは安物のバルブで十分です。

V1は粗引きが済んだ後，フォアライントラップに吸着したガスの真空槽への拡散を防ぎます。V2はRPを停止したときにRPの油がフォアライントラップや真空槽に行くのを遮断するために必要です。最近のRPには，「油の逆流防止弁」と称されるものが付いていますが，信用しないほうがあなたの装置のためです。保険と思ってV2（あるいはそれに相当する機構）を付けることをお勧めします。V3もV2と同じ働きをします。

* * *

さて，必要な真空計を考えてみましょう。ポイントは二つあります。一つは「装置を壊さないこと」，もう一つは「蒸着条件を管理する」です。まず「装置を壊さないこと」を考えてみましょう。壊れると致命的な打撃を受ける部品というと，まずTMP，ついでゲートバルブでしょうか。

〔1〕 装置を壊さないこと

どうしたらTMPを壊せるでしょうか。TMPは1章にも書きましたように，吸気口の圧力と背圧に制限があります。つまり，吸気口圧力が10^{-3}Torr以上か，背圧が1×10^{-1}Torr以上のどちらかが長時間続くとTMPは壊れます。これらが起こるのは，① RP2の故障，② 粗引きが不完全なうちにゲートバルブを開ける，③ 予期せぬ出来事，が考えられます。

②をやってしまうとTMPだけでなくゲートバルブもダメージを受けます。例えば，真空槽のなかの圧力が大気圧，TMPの吸気口の圧力が1×10^{-6}Torrのとき，口径（ゲートの直径）100 mmのゲートバブルを開けたとしましょう。大気圧とは1 cm^{2}に1 kgの荷重がかかったのと同じ状態ですね。ゲートの面積は，約80 cm^{2}ですから，ゲートには約80 kgの荷重がかかったのと同じ状態です。そこを，無理に開こうとしたら … 説明は要りますまい。

あと，危険が潜んでいるのは装置を大気圧に戻すときです。いわゆる「窒素パージ」のときです。うっかりして，真空槽を大気圧以上に加圧すると，真空

ゲージがポートから飛び出したり，ビューポートを割ったりします。装置を壊さないために最低限知りたい情報をまとめると

・TMP 背圧

・粗引き時の真空槽圧力

・窒素パージのときの真空槽圧力

となります。ここで，真空計が測定できる圧力の範囲として，前二者は 10^{-3} Torr から 1 Torr で十分です。これらの要求を満たす真空計としてはピラニ真空計[†]，熱電対真空計がよいでしょう。バラトロンも使えますが，それほど高い精度で計る必要がないのと，高価なのでこの用途には使われません。3 番目のパージのとき使うのは，装置内の圧力が大気圧より，上か下かがわかればよいので，$-76\,\mathrm{cmHg}$ から $2\sim3\,\mathrm{kgf/cm^2}$ を表示範囲とするブルドン管で十分です。

〔2〕 蒸着条件を管理する

蒸着条件のうち，圧力に関係あるのは，① 真空槽の残留ガス，② Al（アルミニウム）の蒸発速度です。このうち②は水晶振動子で測定するので，必要なのは①だけです。一般に，Al の真空蒸着は真空槽が 10^{-7} Torr から 10^{-8} Torr 台で行われます。これに適した真空計は電子の電離作用を利用したものです。ここでは，取扱いのしやすさから，ワイドレンジ B-A ゲージ（64 ページ）を使うことにしましょう。

以上の結果をもとに考えたブロックダイヤグラムを示します（**図 2.3**）。

設置に関して注意が要るのはワイドレンジ B-A ゲージです。融けた Al が見えない位置にゲージポートを設けるべきです。そうしないと，Al 原子がゲージに直接飛び込んできて，残留ガスを管理するという目的に適しません。さらに，ゲージの寿命を短くしてしまう恐れがあります。

このように，真空計は ① 装置を壊さないこと，② 成膜条件を監視することを目的として設置されています。これから装置を設計される機会があると思

[†] 以下，ピラニゲージとか熱電対真空計とか，さまざまな名前の真空計が出てまいりますが，構造や特徴の詳細はすぐあとでお話しします。

図 2.3 真空計の設置

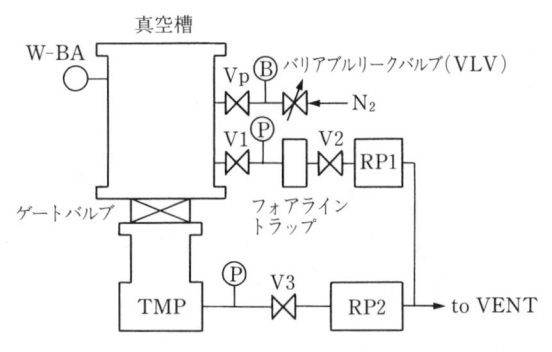

P：ピラニ真空計
B：ブルドン管
W-BA：ワイドレンジ B-A ゲージ

いますが，そのときはこの二つのキモを押さえておけば失敗はありません。くどいようですが

- どんなとき，装置が壊れるか
- 成膜時，何の圧力を監視したいか

を書き出しておくことが真空計設置のキモです。つぎに，個別の真空計の説明に移ります。

2.3　ブルドン管，バラトロン

ブルドン管とバラトロンを**図 2.4**に示します。

原理→圧力差による弾性変形を利用

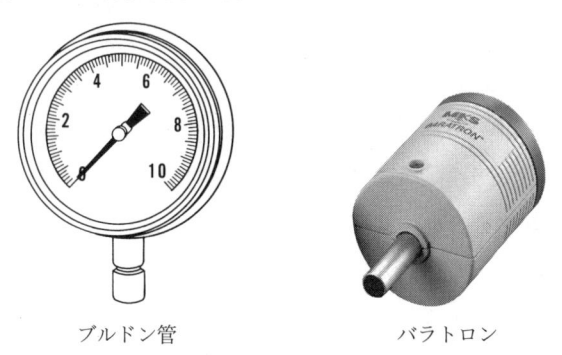

図 2.4　ブルドン管とバラトロン
（バラトロン：日本・エム・ケー・エス(株)カタログより）

気体による感度差→なし

守備範囲[†1]→ブルドン管：$10^2 \sim 2 \times 10^5$ Torr

$$(-76\,\mathrm{cmHg} \sim 250\,\mathrm{kgf/cm^2})$$

バラトロン[†2]：$10^{-4} \sim 10^3$ Torr

ブルドン管は減圧弁（レギュレータ）に付いているのでおなじみだと思います。バラトロンは，MOCVDなどの反応炉（リアクタ）の圧力測定によく用いられています。

［壊さないための注意］

いずれも，使用圧力範囲内で使っているうちは大丈夫です。あと，いずれの場合も，使用温度範囲は「必ず」守ってください。バラトロンはともかく，ブルドン管はぞんざいに使われることが多いのですが，精密計器にはかわりありません。やさしく扱ってあげてください。

気密を保つのに半田(はんだ)のような低融点金属を使ったブルドン管もあります。ベーキングなどの目的でブルドン管を加熱する場合は，必ず業者に最高使用温度を確認してください。思わぬ大事故を招く場合があります。

ほとんどの真空計に言えることですが，メーカーが違えば，同じ原理の真空計でも，電源，ヘッドの互換性はありません（もちろん，ブルドン管は継ぎ手さえ合えば大丈夫です）。

2.3.1 ブルドン管

ブルドン管の心臓部を図 **2.5** に示します。

ブルドン管の心臓部は，「？」形に曲げられた中空の板です。もし機会があったらブルドン管を分解してみてください。本当に「？」形の板が入っています。「？」の先端の部分は中空部の圧力と大気圧の差により図の矢印のように動きます。つまり，中空部の圧力が大気圧より高い場合は，「？」の丸まった

[†1] これは真空計の種類による守備範囲です。例えば，バラトロンならば 1～1 000 Torr 用，0.1～100 Torr 用など，さまざまな型式が用意されています。

[†2] 日本・エム・ケー・エス(株)の商品名です。

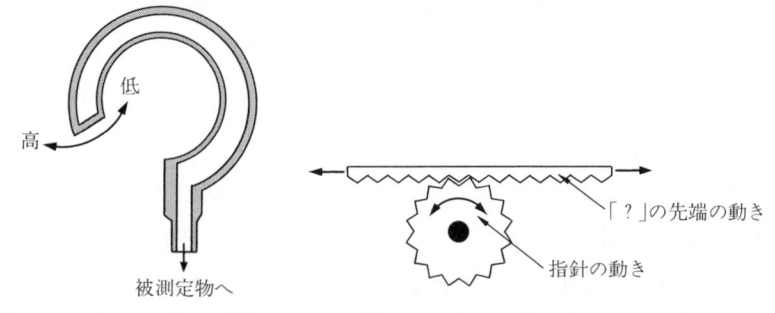

図 2.5 ブルドン管の心臓部　　図 2.6 ブルドン管の指示メカニズム

ところが開こうとし，低い場合は縮もうとします。この先端の部分の動きを，メーターの指針の回転として表示するのに図 2.6 のような機構を使います。

「？」先端部の運動を，歯車により針の回転運動に変換しています。図 2.6 はやたら簡単に書いていますが，実際は機械式腕時計の中身に迫るくらい複雑精巧なメカニズムです。やさしく扱ってください。

特に気を付けていただきたいことは，ブルドン管の針は「現在の」大気圧と管内の差圧を表しています。ここが他の真空計と大きく違う点です。くどいようですが，「0」と表示されているのが「現在の」大気圧です。弾性変形を機械的に拡大するのではなく，ひずみゲージを使って，ディジタル表示するタイプがあります。このタイプも，いくらディジタル表示でも「現在の」大気圧との差圧を表している場合があるので，絶対圧を知りたい場合には注意が必要です。

また，ときどき赤字で$-76\,\mathrm{cmHg}^\dagger$まで目盛を打ったものがありますが，赤字の$-76\,\mathrm{cmHg}$は（「現在の」大気圧$-760\,\mathrm{Torr}$）を意味します。では問題です。針が$-30\,\mathrm{cmHg}$を指していたら管内は何 Torr でしょうか。「現在の」大気圧を 760 Torr とします。ちょっと考えてください。答えは$76-30=46\,\mathrm{cmHg}=460\,\mathrm{Torr}$です。

ブルドン管は非常に多くの分野で使われるので，MPa，kgf/cm^2，psi な

---

† 1 Torr＝1 mmHg＝0.1 cmHg

ど，いろいろな単位が用いられています[†1]。論文など公に公表する文章を書くならば MPa（メガパスカル）[†2] でなければなりません。でも，実際に装置を使うときは体感できる単位，つまり kgf/cm² をお勧めします。その理由を下にまとめます。

（1） 1 Pa とは 1 N/m² のこと。1 N とは 1 kg の物体が 1 秒間に 1 m/s ずつ加速するとき作用する力のことです。つまり，1 kgm/s² です。ブルドン管などの単位に使われる 0.1 MPa とは 1×10^5 Pa（＝1×10^5 N/m²）のことです。

（2） ブルドン管でよく使われる単位の一つに kgf/cm² があります。1 kgf とは 1 kg の物体に働く重力のことです。重力加速度を 9.81 m/s² とすれば，1 kgf＝1 kg×9.81 kgm/s²＝9.81 N のことです。したがって，1 kgf/cm²＝9.81 N/cm²＝0.0981×10^6 N/m²。ほぼ 0.1 MPa です。

（3） 本題に入ります。例えば，直径 20 cm の円筒状のガラス容器に窒素ガスを充てんする場合を考えてみましょう。例えば，ブルドン管の指示値が 6 kgf/cm² と表示されていたとします。すると，ガラス容器には 1 cm² 当り 6 kg の荷重がかかっていることがすぐわかります。例えば，容器の上部が直径 20 cm あったとしますと，この部分の面積は $\pi\times(20/2)^2=314$ cm² です。つまり 6×314＝1 884 kg の荷重[†3]がかかっていることになります（方向はガラス容器の内から外）。ガラスの強度を考えると「これはヤバイ！」ということをすぐに気づくことができます。

（4） ところが（3）と同じ状態を 0.6 MPa と表示したらどうでしょう。先と同じ「これはヤバイ！」に到達するまでいくつかの関門があります。最大の関門は 0.1 MPa＝1 kgf/cm² と気づくこと。そうすればすぐに対応がとれます。ところが，これに気づかないと泥沼です。まず，Pa＝N/m² にすぐに結

[†1] kg/cm² という単位が書かれたブルドン管もありますが，正確には kgf/cm² です。1 kgf とは地球上で質量 1 kg の物体に働く重力です。重力加速度を 9.8 m/s² とすると，力＝質量×加速度より，1 kgf は 1×9.8＝9.8 N にあたります。

[†2] MPa の M（メガ）は 10^6 を表す記号です。

[†3] 元相撲力士の小錦の体重は約 250 kg です。1 800 kg といったら小錦 7.2 人分の重さです。

び付くか，つぎにN（ニュートン）を体感できる単位に換算できるか，です。1kgのものを毎秒1m/sで加速するとき作用する力といってもピンとこないでしょう。最後に，1m²当りの力を1cm²当りの力に換算すること。これは，私たちの使う装置や部品は，巨大な加速器など，よほど特殊な装置でないかぎりcmで寸法を記述するのが便利だからです。泥沼といった意味がおわかりと思います。

こんな面倒くさい手順をとるくらいならば，最初から全部 kgf/cm² で目盛を打ってくれというのが「装置を使う側の論理です」。ただ，ここでは省きますが，理論計算や物理的意味を考えるうえでは「Pa」がたいへん便利です。

[**単位の換算について**]

単位の換算の話が出ましたので，ブルドン管でよく使われる単位の換算式をまとめておきます。結果は本書の付録Aにもまとめてあります。この本は，装置を使う人のために書いていますので「kgf/cm²」への換算という観点でまとめます。

☆**MPa → kgf/cm²**

1 MPa=1×10^6 N/m²，1 kgf=1 kg の物体に作用するする重力=9.81 N

したがって，1 MPa=$(1\times10^6)\div(9.81)=1.02\times10^5$ kgf/m²

1 m²=1×10^4 cm² だから

1 MPa=$1.02\times10^5\div10^4=10.2$ kgf/cm²

ブルドン管の読取りに限定すれば 0.1 MPa=1 kgf/cm²

☆**気圧（または atm）→ kgf/cm²**

1 気圧=1.013×10^5 Pa=0.1013 MPa=1.03 kgf/cm²

ブルドン管の読取りに限定すれば→1気圧=1 kgf/cm²

☆**ポンドスクエアインチ（psi または lb/in²）→ kgf/cm²**

ポンド（記号 lb）は，ポンドヤード法による重さの単位で，1ポンドは453.59gです。インチ（記号 in）は，おなじみかもしれませんが，長さの単位で1インチは2.54cmです。1psiとは，1平方インチ当りに1ポンドの質量に

働く重力に等しい力が作用しているという意味です。

$$1\,\text{psi} = \frac{0.453\,59\,\text{kgf}}{(2.54\,\text{cm})^2} = 7.03\times10^{-2}\,[\text{kgf/cm}^2]$$

念のため Pa へも換算しておきましょう。

$$1\,\text{psi} = \frac{0.453\,59\,\text{kg}\times9.81\,\text{ms}^{-2}}{(2.54\,\text{cm})^2} = 6.90\times10^{-1}[\text{N/cm}^2]$$

$$= 6.90\times10^3[\text{N/m}^2] = 6.90\times10^3\,[\text{Pa}]$$

☆ **cmHg → Torr**

ブルドン管で大気圧以下を表すときによく使われます。例えば$-50\,\text{cmHg}$のところに針があれば，圧力は大気圧より 50 cmHg 低いということです。例えば，大気圧が 760 Torr のとき，760 Torr＝76 cmHg です。したがって，$76-50=26\,\text{cmHg}$，つまり 260 Torr ということです。

☆ **mmH$_2$O（あるいは cmH$_2$O）→ Torr，kgf/cm^2**

微差圧計などでよく見られる単位です。大気圧が水銀柱を 760 mm 押し上げる（単位面積当りの）力に相当することから，1 気圧（atm）＝760 mmHg＝760 Torr と定義されました。mmH$_2$O は水銀でなくて，水です。水銀の比重が約 13.5 g/cm^3，水は約 1.0 g/cm^3 です。これから，水柱は水銀柱よりも 13.5 倍高く押し上げられることがわかります。つまり 1 気圧＝76 cmHg＝1 026（＝76×13.5）cmH$_2$O と表現できます。これから

$$1\,\text{cmH}_2\text{O}=7.41\times10^{-2}\,\text{cmHg}=0.74\,\text{mmHg}=0.74\,\text{Torr}$$

となります。言わずもがなのことですが 1 cmH$_2$O＝10 mmH$_2$O です。

1 気圧＝760 Torr＝1.02 kgf/cm^2 ですから

$$1\,\text{cmH}_2\text{O}=0.74\,\text{Torr}=9.93\times10^{-4}\,\text{kgf/cm}^2,\;\;\text{ほぼ}\;10^{-3}\,\text{kgf/cm}^2$$

となります。

2.3.2 バラトロン

半径 r の金属の円盤を距離 d だけ離してつくったコンデンサ（蓄電器）を考えましょう（図 2.7）。

2.3 ブルドン管，バラトロン

図 2.7 コンデンサの静電容量

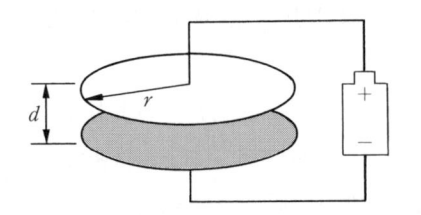

　一方の円盤の周囲を固定し，上下から力を加えてみましょう。**図 2.8**で実線はその円盤を横から見たものです。点線は上下から同じ大きさの力が働くときの円盤の状態を表しています。矢印は力の向きと大きさに対応しています。上から働く力f_0を一定とし，下から働く力f_1を変えてみましょう。まずf_1がf_0に等しいとき〔図(a)〕，円盤は最初の形を保っています。つぎに$f_0<f_1$となったとき〔図(b)〕，円盤は上に凸となり，$f_0>f_1$のとき〔図(c)〕，下に凸となります。

(a) $f_0=f_1$　　(b) $f_0<f_1$　　(c) $f_0>f_1$

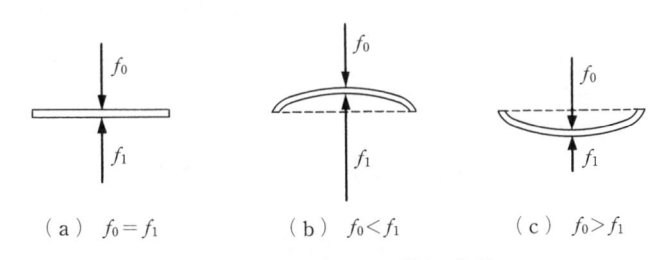

図 2.8　コンデンサの電極の変形

　今度は，もう一方の円盤を併せて描いてみましょう。なお，一方の円盤は上下から同じ力がつねに加わっているとします（**図 2.9**）。

(a) $f_0=f_1$　　(b) $f_0<f_1$　　(c) $f_0>f_1$

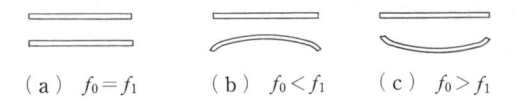

図 2.9　電極の変形による静電容量の変化

　皆さんは，高校の物理で，平行平板のコンデンサの静電容量が電極の間隔dに反比例することを習ったと思います。このことを併せて考えると，先の円盤でつくったコンデンサの静電容量は，一方の円盤の，上下の圧力差により変化

することがわかります。つまりバラトロンは圧力差を静電容量の変化に変換する装置なのです。

実際のバラトロンの構造はもっと複雑です[†]が，ただ，いまある装置を同じ方法で使う分には，この程度のイメージで十分です。あと，精密で高価（一式約50万円より）な計器だということも忘れないでください。

あと，バラトロンは非常に微小な電気信号を扱いますので，近くにノイズのもと（例えば，スイッチング電源，高周波電源）を置きますと，正確な値を示さなくなります。そのような場合は，ノイズ源とバラトロン（ヘッドと電源，もちろんケーブルも）を離すと効果があります。それでもだめな場合，ノイズの神様と言われる人以外は，装置メーカーに任せるのが問題解決の早道です。

何度も言うようですが，バラトロンはMKS社の商品名です。エドワーズ社やグランビル-フィリップス社では，また別の名称が付けられています。ここでは，通りがよいということでバラトロンという商品名を普通名詞のように使っているだけです。論文や報告書をまとめるときは注意してください。正式には「電気式隔膜真空計」と言います。

2.4 熱電対真空計，ピラニ真空計

熱電対真空計，ピラニ真空計の外見を図2.10に示します。

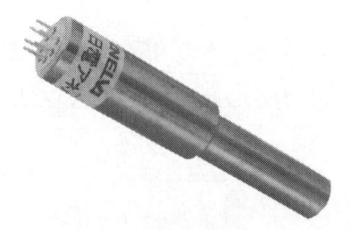

熱電対真空計　　　　　　　ピラニ真空計

図 2.10 熱電対真空計，ピラニ真空計の外見
〔アネルバ(株)製品カタログより〕

[†] 例えば，43ページに書いたように，ブルドン管では「現在の」大気圧との差圧を表示します。バラトロンはさまざまな工夫により，「現在の」大気圧に左右されずに真の圧力を表示するようになっています。もちろん差圧専用のバラトロンもあります。

2.4 熱電対真空計，ピラニ真空計

- ・原　　理 → 気体分子による熱伝導を利用
- ・気体による感度差 → あり
- ・守備範囲 → 大気圧から目盛があるが，あてになるのはいずれも 1×10^{-3} 以上1Torr以下の範囲。1Torr以上は目盛が振ってあっても，信じないこと。
- ・メーカー間の互換性について → 明示していないかぎり，「ありません」

これらの真空計は，装置の奥まったところに取り付けられることが多いので，装置を「使うだけの方」には実感がわかないかもしれません。しかし，多くの真空装置で，TMPやDPの背圧監視，シーケンサーに粗引き完了の信号を出したり，と大活躍です。また，マグネトロンスパッタや，プラズマエッチングなどの0.01～0.1Torr台で動作させる装置では，真空槽の圧力の計測にも使われます。

熱電対真空計も，ピラニ真空計も姿　形は図2.10のように，ずいぶん違いますが，測定原理は同じです。そこでピラニ真空計を例にとって仕組みのお話をしましょう。

図2.11にピラニ真空計の断面を描きました。

導管のなかは金属のフィラメントが1本，そして，フィラメントに電流を流すための端子があるだけです。つぎに，ピラニ真空計の原理を説明するために，フィラメントに電流を流したとき，フィラメントから周囲への熱の流れを考えてみましょう。図2.11で点線で囲んだ部分を拡大したのが図2.12です。

フィラメントに電流を流すと，フィラメントでジュール熱が発生します。フィラメントで発生した熱は，① 放射，② 伝導，③ 自由分子熱伝導[†]により周りに広がります。ここで，①，②は皆さんよくご存知だと思います。この二つは，温度と材料の関数で，気体の圧力に依存しません。③の自由分子熱伝導は真空領域特有の熱伝導形態で，熱伝導係数は圧力に依存します。

[†] 自由分子熱伝導：気体が分子流条件（気体分子どうしの衝突が無視できるということ）を満足する場合の気体の熱伝導。熱伝導率は気体の圧力に比例する。分子条件を満足する圧力はどのくらいかは，1章の1.3「真空領域とは」をご覧ください。

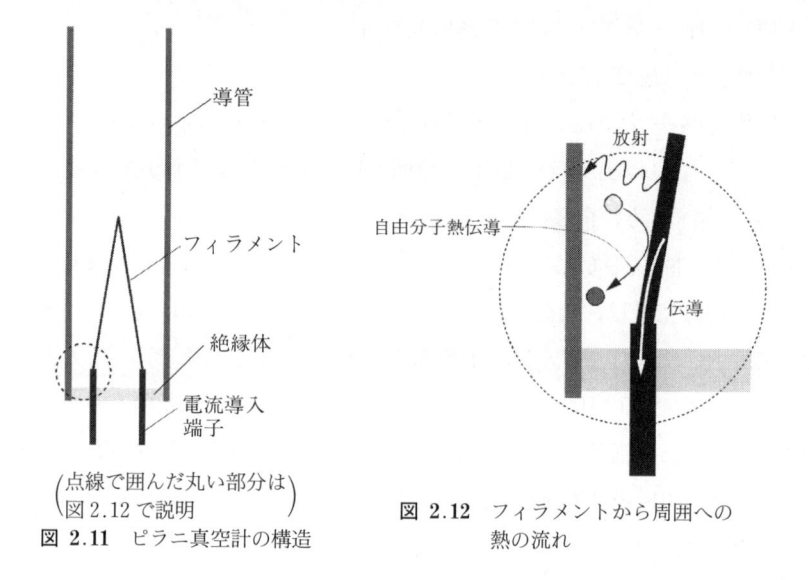

図 2.11 ピラニ真空計の構造
（点線で囲んだ丸い部分は図 2.12 で説明）

図 2.12 フィラメントから周囲への熱の流れ

　ピラニ真空計や熱電対真空計は，この自由分子熱伝導によりもたらされる変化を利用したものです。この自由分子熱伝導のイメージを**図 2.13**にまとめておきました。図で矢印の長短は，気体の熱エネルギーの大小を意味します。

① 導管から気体分子が飛び出しました。このとき，気体分子の熱エネルギーは導管の温度と同程度です。

② フィラメントに衝突した気体分子はフィラメントから熱エネルギーをもらいます。

③ フィラメントから飛び出した気体分子は衝突する前に比べ大きな熱エネルギーをもっています。

④ 気体分子は導管に衝突して熱エネルギーを放出し，導管を暖めます。

　図 2.13 からも明らかなように，気体の数が多いほど（圧力が高いほど），フィラメントから導管に流れる熱の量が多くなります。では，これから後は皆さんにも考えてもらいましょう。導管のなかの圧力が高くなったとき何が起こるでしょうか。(①)〜(③) を埋めてみてください。

2.4 熱電対真空計, ピラニ真空計

低温の部分
(導管)

高温の部分
(フィラメント)

① 導管から気体分子が飛び出しました。このとき, 気体分子の熱エネルギーは導管の温度と同程度です。

② フィラメントに衝突した気体分子は, フィラメントから熱エネルギーをもらいます。

③ フィラメントから飛び出した気体分子は, 衝突する前に比べ大きな熱エネルギーをもっています。

④ 気体分子は, 導管に衝突して熱エネルギーを放出し, 導管を暖めます。

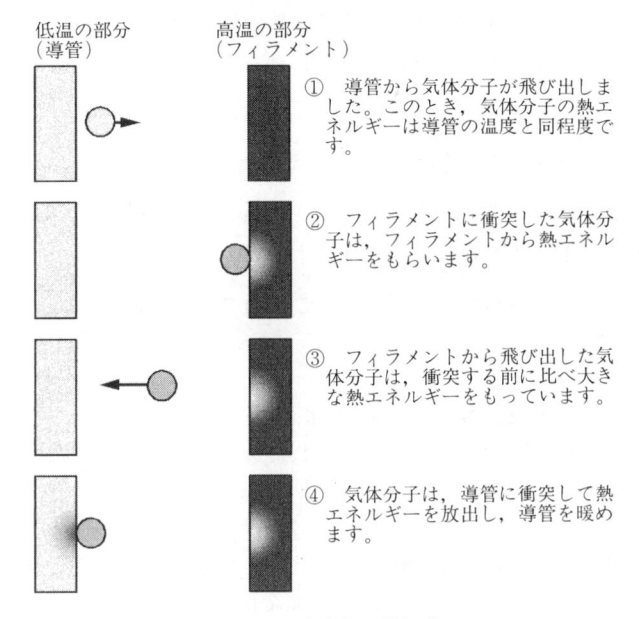

図 2.13 自由分子熱伝導

圧力が高くなる

↓

フィラメントから導管へ熱が伝わり (①) くなる

↓

フィラメントの温度が (②)

↓

フィラメントの電気抵抗が (③)

埋まりましたか。

　圧力が高くなる。ということは気体の分子数が増えることですから, フィラメントから導管に向かう分子の数が多くなります。つまり①は「易」です。ピンとこない方は, 魔法瓶を思い出してください。魔法瓶の真空が悪くなると (圧力が高くなると) お湯はすぐ冷めてしまいます。つまり熱が外に逃げやすくなったのです。

　フィラメントに一定の電流が流れているとすれば, フィラメントで発生する

熱も一定です。フィラメントから，逃げる熱の量が増えれば，その分フィラメントを暖めるのに使える熱が減ります。したがって，熱が逃げることによってフィラメントの温度は下がります。②は「下がる」です。

フィラメントはふつう，金属でできています。金属は温度が高くなるほど，電気抵抗が大きくなります。逆に言えば，金属の温度が低くなれば，それに従って電気抵抗は小さくなります。③は「小さくなる」です。

ピラニ真空計の圧力が低くなる場合はこの逆です。このように，フィラメン

コラム

ピラニ真空計，熱電対真空計の感度変化

ピラニ真空計や熱伝導真空計（それぞれピラニ，TC と略）は粗引き作業や TMP，DP の背圧監視には欠かせません。装置によってはピラニや TC からの接点信号によって，インターロックやシーケンサーをコントロールしています。ところが，ピラニや TC は割と感度が変化しやすい真空計なのです。どのように変化するかというと，感度が悪くなるように変化します。

感度が悪くなると，何が起きるかを粗引きの監視に用いた場合を例にとって説明します。例えば，測定値が 0.01 Torr 以下になったら，制御接点が閉じ，接点が閉じると粗引きバルブが閉じて，ゲートバルブが開き TMP で排気…と，一連の動作がシーケンサーに組まれているとします。ところでピラニや TC の感度が悪くなると，いくら引いても，設定値（0.01 Torr）に達しないということが起こります。こうなるといくら待っても接点が閉じないので，シーケンスは進みません。

ここで，最初から「ピラニや TC の感度変化」とわかっていれば問題は簡単です。でも，シーケンサーが先に進まない原因がリークやポンプにある場合もありますので，短絡的にピラニや TC の設定値を変えるのは禁物です。そんなとき一番速くて確実な方法は，測定球（ヘッド）を新品と替えてみることです。替えて，状況が変わればヘッドが原因ですし，変わらなければリークやポンプの不調を疑ってみてください。

ピラニや TC の管理をするためには，真空計の DC 出力（圧力に比例した直流信号）をレコーダーで四六時中記録することをお勧めします。つまり，管理図をつくってやるのです。「管理図」をつくる，などというと「アカデミックでない」と嫌悪感をもたれる方もおられると思います。ただ，装置が機嫌よく働いてこその貴方ですので，そこのところをお忘れなく。

2.4 熱電対真空計, ピラニ真空計

トの電気抵抗と圧力を関係づけたのがピラニ真空計で, フィラメントの温度を熱電対で測定し, 熱電対の起電力と圧力を関係づけたのが熱電対真空計です。

ピラニ真空計や熱電対真空計の測定限界を決める要因を考えてみましょう。まず圧力が低くなると, ③ 自由分子熱伝導よりも, ① 放射や, ② 電流導入端子への熱伝導の寄与が大きくなります。①, ②は圧力に依存しませんから, もし自由分子熱伝導の項が①, ②より十分小さくなってしまえば, もはや圧力を知ることはできません。つぎに, 圧力が高くなってくると, 普通の熱伝導のように熱伝導率は圧力に依存しなくなりますので, これが上限を与えます。

熱電対真空計やピラニゲージには, 大気圧から目盛が振ってあるものもありますが, それは大気圧で真空計のスイッチを入れても壊れないということを意味するだけです。つぎにお話しすることと合わせて考えれば「信じないのが身のため」です。

ピラニ真空計, 熱電対真空計は, 感度が気体の種類によって大きく変化します。1 Torr 以下では指示値と真の圧力は比例しますが, 1 Torr 以上ではそれも成り立たなくなります。代表的な気体について指示値と真の圧力の関係を図 2.14 に描いてみました。

間違っても, 1 Torr 以上で危険なガスの圧力測定に使ってはいけません。

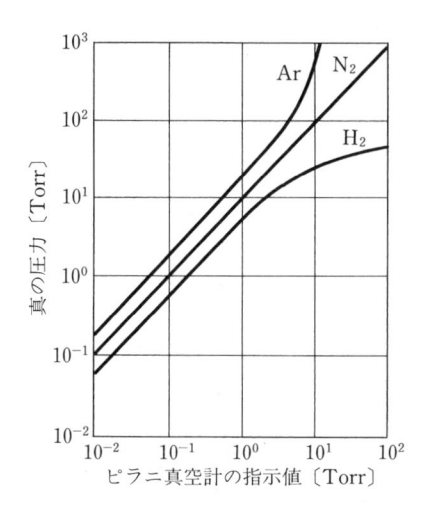

図 2.14 ピラニ真空計の指示値の分子種依存性 (一例)
〔中山勝矢: Q&A 真空 50 問, 共立出版 (1982), p.149 より抜粋〕

例えば危険なガスが Ar のようなカーブを描いているとしたら, 指示値は 10 Torr でも, じつは大気圧以上になっている可能性があります. つまり, ゲージが飛び出して, 危険なガスが部屋に充満する可能性だってあるのです.

2.5 B-A ゲージ (ワイドレンジ B-A ゲージ, ヌードゲージ)

電離真空計の外見を図 2.15 に示します.

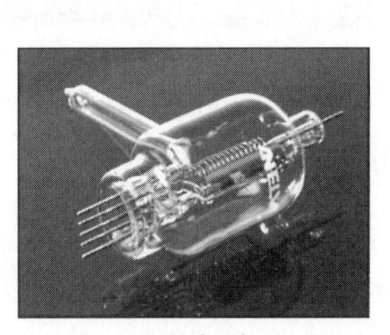

B-A ゲージ　　　　　　ヌードゲージ

図 2.15 電離真空計の外見〔アネルバ(株)製品カタログより〕

- 原理 → 電子による気体の電離作用による
- 気体による感度差 → あり
- 守備範囲 → ワイドレンジ B-A ゲージ 10^{-2} Torr 以下
  　　　　　B-A, ヌードゲージ 10^{-4} Torr 以下
- メーカー間の互換性について → 明示していないかぎり, 電源, ケーブル, ヘッドともにありません.

10^{-4} Torr 以下の圧力測定では電離真空計の独壇場です. このタイプの真空計も, 熱伝導型の真空計と同じく, 圧力を直接測っているのではないので, 気体による感度の差があります.

真空蒸着装置や分子線エピタキシ装置の場合, 真空計の設置場所により指示値が 3 桁 (3 倍ではありません) 違うことがざらにあります. この真空計ほ

ど，何の圧力に対応した指示値を自分が読んでいるのか，考えなければならない真空計はほかにありません。

大気圧でフィラメントを点灯すると，保護回路が働くまもなくフィラメントが焼き切れてしまいます。くれぐれもご注意を。

ここでは，電離真空計を上手に使っていただくために，①気体を電離(イオン化)する理由，②圧力と指示値の関係，③電離真空計の感度，④電離真空計の見分け方，⑤指示値は何の圧力？　をお話しいたします。ここで，①〜③は電離真空計の仕組みに関すること，④は使うときに知っていると得することです。

2.5.1　気体をイオン化する理由

図 2.16 を見てください。

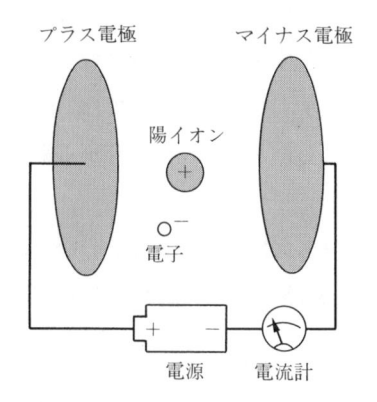

図 2.16　気体をイオン化する必要性

2枚の電極の間に図のように電源を接続し，一つの気体分子を置いたとします。電極は，電源のプラスに接続されているものをプラス電極，マイナスに接続されているものをマイナス電極と呼ぶことにしましょう。さて，気体分子がなんらかの理由[†]で電子を放出し，陽イオンになったとします。何が起こるか一緒に考えてみましょう。

---

†　例えば宇宙線が当たるなどして。

2. 真空計

（プラス電極イメージ）　　　　　　　　　　（マイナス電極イメージ）

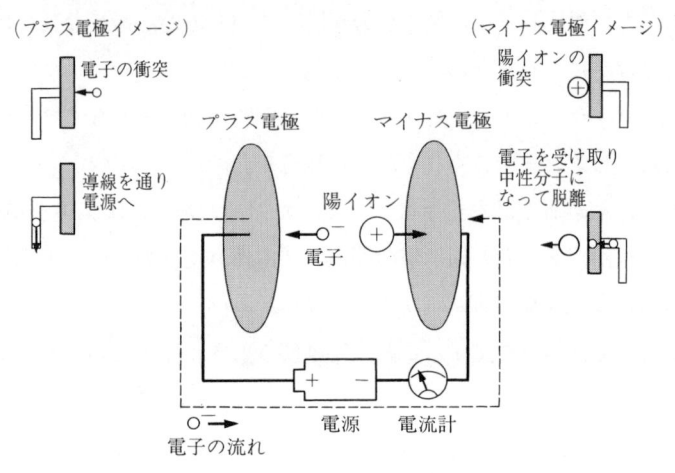

図 2.17　陽イオンと電子の振る舞い

陽イオンと，電子の振る舞いを図にしました（図 2.17）。

陽イオンはマイナス電極に，電子はプラス電極に引かれるような力が働きます。陽イオンはマイナス電極にぶつかると，電極から電子を受け取ります。そして電気的に中性の分子となり気相に戻ります。マイナス電極では，陽イオンに渡した分，電子が減りますが，それを帳消しにするように電源から電子が電極に供給されます。

一方，気体分子から放出された電子はプラス電極に衝突し，その後，導線を通って電源へ向かいます。言い換えれば，回路に電流が流れるということです。この電流をコレクタ電流といいます。そして，イオン化した分子や原子が多いほど，コレクタ電流がたくさん流れることは説明の必要はないと思います。

ここで，いきなりコレクタという名前が出てきましたが，これはプラス電極が電子を「コレクト（集める）」する働きをすることに由来しています。

もし，気体が電気的に中性な原子や分子だったらどうでしょう。それらは電極からなんら力を受けませんので，勝手な方向に飛んでいってしまいます。つまり，電流は流れません。まとめましょう。「なぜ，気体をイオン化する必要があるのか」に対する答えは，「分子密度を電流として測るため」です。

2.5.2 圧力と指示値の関係

2.5.1 項では，「なんらかの理由で，気体原子（分子）が電子を放出してイオンになった」としました。電離真空計ではこのなんらかの理由は「高いエネルギーをもった電子の衝突」です。皆さんは，物を加熱すると表面から電子が放出され，それを「熱電子」と呼ぶことを習ったと思います。この現象は私たちのごく身近にあり，蛍光灯，パソコン CRT，電子顕微鏡 … などすべて，この現象を利用したものです。

電離真空計ではこの「熱電子」を使って気体をイオン化しています。電離真空計で熱電子をつくっているのはフィラメントです。ただし，このようにしてつくられた，熱電子は気体をイオン化するような高いエネルギーをもったものがほとんどありません。そこで，電離真空計では熱電子のエネルギーを高めるために「グリッド」と呼ばれる電極を設けます。そして，フィラメントに対して「グリッド」を高い（約 200 V）電位にすることで電子を加速しています。

グリッドとは「格子」のことです。でも実際の電離真空計のグリッドは格子状ではありません。どうやら真空管の構造に由来した名前のようです。いまの段階では，「気体を電離するのに加速された熱電子を使う」ということだけ覚えておいてください。フィラメントから飛び出した電子に対応する電流を，エミッション電流と呼びます。エミッションとは放出という意味です。

つぎに，電離真空計の仕組みをボーリングにたとえてみましょう。**図 2.18** を見てください。

大きい丸がボーリングのピン（じつは気体分子），小さい丸がボール（じつは加速された電子）を表します。ピンが倒れるとスコアが入るように，気体分

気体の密度が大　　　　気体の密度が小

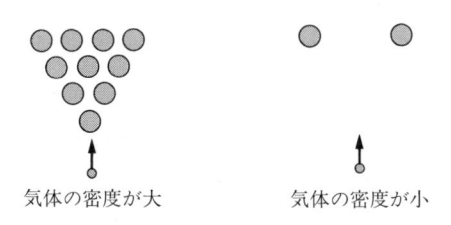

図 2.18 気体分子のイオン化される割合（1）

子に電子が当たるとイオン化します。イオン化すれば，分子の密度に対応する量を電流としてカウントすることができます。

そこで，気体の密度と圧力の間にどんな関係があるか整理してみましょう。高校のときに習った理想気体の状態方程式

$$PV = nRT \tag{2.1}$$

を思い出してください。いまの場合，P は真空容器のなかの気体が容器内壁に及ぼす圧力，V は真空容器の容積，n は真空容器に入っている気体の分子の数，R は気体定数，T は気体の温度です。

気体の密度とは，単位体積にいる気体分子の数のことです。このことを頭の隅において，$PV=nRT$ の両辺を V で割ってみましょう。すると

$$P = RT \times \frac{n}{V} = RT \times (気体の密度) \tag{2.2}$$

となります。ここで，R は定数です。温度 T も一定と考えて，この式を日本語に直訳すると，「真空容器の圧力は，なかの気体の密度に比例する」となります。つまり，圧力 P が高いほど，気体の密度は高くなり，電子の衝突によりイオン化される確率は高くなります。まとめましょう。

「電離真空計の測定しているのはイオン化した気体に起因する電流値」

2.5.3 電離真空計の感度

電離真空計のカタログを見たとき，感度が 1/Torr になっているのを不思議に思ったことはありませんか。つまり，「電離真空計（ヘッド）の出力は圧力に比例した電流である」。式で表せば「出力（電流）＝S(比例係数)×P(圧力)」→「比例係数 S の単位として A(アンペア)/Torr がもっともらしい」→「自分なりに納得」→「でもカタログに載っている S の単位は違う。カタログのミスプリント[†]では」ということです。

ミスプリントではありません。電離真空計の感度を表す単位は「A/Torr

[†] 誤植です。

2.5 B-A ゲージ（ワイドレンジ B-A ゲージ，ヌードゲージ）

ではなく「1/Torr」が正しいのです。もう一度，ボーリングで感度を考えてみましょう。本当のボーリング場でこんなことをすればつまみ出されますが（する人もいないでしょうが），ピンを多く倒すには，一度に球をたくさん投げればよいのです。電離真空計の場合も同じです。たくさん電子をぶつけてやれば多くのイオンを生じさせることができます。ボーリングと電離真空計の間の対応関係を整理してみます（表 2.2）。

図にすると図 2.19 のようになります。

表 2.2 ボーリングと電離真空計との対比

場合	目的	方法	手段の一つ
ボーリング	ピンをたくさん倒す	玉をピンに当てる	玉をたくさん投げる
電離真空計	気体分子をたくさんイオン化する	電子を気体分子にぶつける	エミッション電流を増やす

玉をたくさん投げれば，ピンは確実に倒れる。

図 2.19 気体分子のイオン化される割合（2）

さて，たくさん電子をぶつけるということは，エミッション電流を増やすことを意味します。つまり，電離真空計の感度を比較するには同じエミッション電流で比較してやらなければなりません。つまり，「電離真空計で表示されるのはイオン化された気体に起因する電流（コレクタ電流）」→「コレクタ電流は，エミッション電流と，気体分子の密度に比例する」ということです。誤解を招かないように，式でまとめます。

$$I_C = S I_E P \tag{2.3}$$

ここで，I_C：コレクタ電流，I_E：エミッション電流，P：圧力（気体分子密度に比例），S：比例係数

この S が電離真空計の感度です。電流の単位が A，圧力が Torr なので，S の単位は 1/Torr となります。よろしいでしょうか。

2. 真空計

あと，付け加えるならば，窒素とヘリウムといったように，気体によってイオン化の効率が違うことは，直観的にご理解いただけると思います。そこで，ふつう市販されている電離真空計は窒素ガスに対して圧力を校正しています。気体による感度の違いを文献から抜き出してみました。窒素を1として表した感度を比感度と呼びます（**表 2.3**）。

表 2.3 種種の気体の比感度

気体	比感度	気体	比感度
窒素	1.00	炭酸ガス	1.35
ヘリウム	0.22	アンモニア	0.65
アルゴン	1.34	メタン	1.58
水素	0.49	エタン	2.58
酸素	0.88		

〔中山勝矢：Q&A 真空 50 問，共立出版（1982），p.170 より〕

例えば，真空容器が He（ヘリウム）で満たされているとします。そのときの電離真空計の指示値が 1.0×10^{-6} Torr だったとします。でも，He は窒素に比べ感度が22％ということですから，真の圧力は $1.0\times10^{-6}\div0.22=4.5\times10^{-6}$ Torr となります。つまり，実際よりも圧力は低く表示されます。

また，真空容器がエタンで満たされていた場合はどうでしょうか。電離真空計の指示値が 1.0×10^{-6} Torr だったとします。でも，その指示値は真の圧力の258％ということ。つまり真の圧力は $1.0\times10^{-6}\div2.58=3.9\times10^{-7}$ Torr ということです。実際より高く表示されます。

少し脅かしましたが，比感度の数値を覚える必要はまったくありません。でも，「気体の種類によって電離真空計の圧力表示値が変化すること」だけは覚えておいてください。このことが，真空計の指示している圧力は何の圧力かを考えることにつながるのです。

最後の注意事項に移る前に，実際の電離真空計の構造にふれておきましょう。**図 2.20** に電離真空計のややくわしい模式図を描きました。図中の①，②…などは説明文の番号①，②…に対応しています。また，図中に記された電圧はアネルバ（株）のカタログの値を参考にしました。

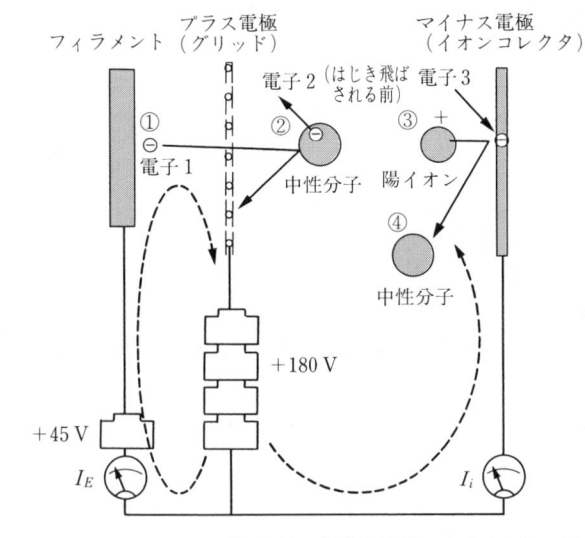

2.5 B-A ゲージ（ワイドレンジ B-A ゲージ，ヌードゲージ）

図 2.20 電離真空計のややくわしい模式図

- ふつう，プラス電極，マイナス電極はそれぞれ，グリッド，イオンコレクタと呼ばれます。
- 点線の矢印は電子の流れです。電流の向きは電子の流れと逆です。

① 熱せられたフィラメントから電子1が飛び出します。単位時間に飛び出した電子の数に比例するのがエミッション電流 I_E です。この電子はプラス電極とフィラメントの間の電位差 135 V（＝180−45）でプラス電極（グリッド）に向かって加速されます。

② プラス電極（グリッド）はふつう，コイルのような形をしています。コイルのすきまは，電子からみれば無人の荒野に等しいので，加速された電子1は，プラス電極の前後を何往復かしてからプラス電極（グリッド）に流れ込みます。電子1が往復している間に中性分子に衝突すると，中性分子から電子2が弾き飛ばされます。

③ 中性分子は，電子2が弾き出されると陽イオンとなり，マイナス電極（イオンコレクタ）とプラス電極（グリッド）の電位差 180 V でマイナス電極に向かって加速されます。

④ マイナス電極（イオンコレクタ）で陽イオンは電子3を受け取り，再び中性分子となり気相に戻ります。単位時間に陽イオンと結合する電子3の数がコレクタ電流 I_C に対応します。

(例題2.2) イオン発生の確率

フィラメントから出た電子が気体をイオン化する割合，つまりコレクタ電流 I_C とエミッション電流 I_E の比（I_C/I_E）を見積もってみましょう。

(解答) 計算には，先に出てきた

$$I_C = S I_E P \tag{2.4}$$

ここで，I_C：コレクタ電流〔A〕
　　　　S：電離真空計の感度〔1/Torr〕
　　　　I_E：エミッション電流〔A〕
　　　　P：圧力〔Torr〕

を使います。アネルバ（株）のカタログから $S=10$〔1/Torr〕，$I_E=3$〔mA〕を借りてきて，式に代入すると

$$I_C \text{〔mA〕} = 10 \text{〔1/Torr〕} \times 3 \text{〔mA〕} \times P \text{〔Torr〕} = 30 \text{〔mA/Torr〕} \times P \text{〔Torr〕}$$

となります。例えば圧力 P が 1×10^{-7} Torr なら

$$I_C = 30 \text{〔mA/Torr〕} \times 1\times 10^{-7} \text{〔Torr〕} = 30\times 10^{-7} \text{〔mA〕}$$

これから

$$\frac{I_C}{I_E} = \frac{30\times 10^{-7}}{3} = 1\times 10^{-6}$$

イオン化の効率は，なんと100万分の1であることがわかります。つまり，電子を100万個投げてやっと一つの気体分子がイオン化するということです。

また，I_C は 30×10^{-7} mA（ミリアンペア）＝3×10^{-9} A，つまり 3 nA（ナノアンペア）です。電離真空計の本体はヘッドから流れてくる，このようにたいへん小さい電流を電圧に変換して表示しているのです。電離真空計の本体を単なる表示器と勘違いして乱暴に扱う人もいるようですが，正体は「非常に繊細な」電流-電圧変換機なのです。「やさしく」扱ってください。また，あとでお話しする質量分析計でも同じですが，微小電流の流れるケーブルは，振動に対してたいへん弱い（ノイズを発生しやすい）ので，ぶらぶらさせたり，むやみに触ったりしないでください。

2.5.4 電離真空計の見分け方

電離真空計と，ひと口に言っても，じつのところ数種類あって，しかも測定できる圧力範囲が異なります。しかし，電極の構造で簡単に見分けられるので，ちょっとした知識として身につけておくと便利です。以下に各電離真空計の電極の特徴をまとめます。

2.5 B-A ゲージ（ワイドレンジ B-A ゲージ，ヌードゲージ）

〔1〕 シュルツゲージ

ひと昔前 10^{-1}〜10^{-4} Torr の圧力を測るのに使われていました。フィラメントを2枚の平行平板の電極で挟むのが特徴です（図 2.21）。

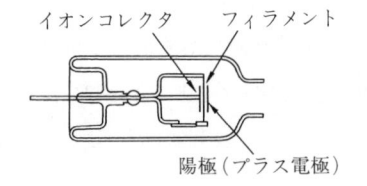

フィラメントを二つの平板電極が挟む形をしています。

図 2.21 シュルツゲージ

〔2〕 B-A ゲージ

電離真空計といえば，B-A ゲージを指すぐらい最近よく使われています。守備範囲は 10^{-4}〜10^{-8} Torr です。中心に細い線状のイオンコレクタ，その周りをコイル状のグリッド，一番外にフィラメントがあります（図 2.22）。

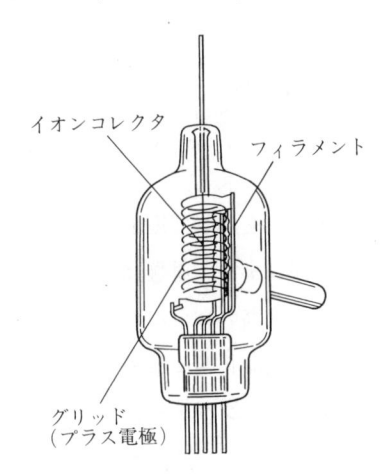

図 2.22 B-A ゲージ
〔麻蒔立男：薄膜化技術（第2版），
日刊工業新聞社（1984），p.33 より〕

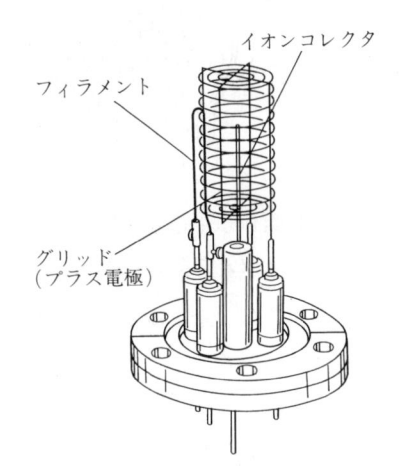

図 2.23 ヌードゲージ
〔麻蒔立男：薄膜化技術（第2版），
日刊工業新聞社（1984），p.35 より〕

〔3〕 ヌードゲージ

MBE など超高真空装置では欠かせない真空計です。守備範囲は 10^{-4}〜10^{-11} Torr です。構造は B-A ゲージからガラスのチューブを取り去っただけのもの

です（図 2.23）。つまりヌードというのは B-A ゲージを裸にしたという意味
です。

〔4〕 ワイドレンジ B-A ゲージ

守備範囲は 10^{-2}〜10^{-8} Torr と広く，スパッタ装置，ドライエッチング装置
などで大活躍です。もちろん，普通の真空蒸着装置にも安心して使えます。フ
ィラメントを囲うように補助電極が付いたものがワイドレンジ B-A ゲージで
す（図 2.24）。

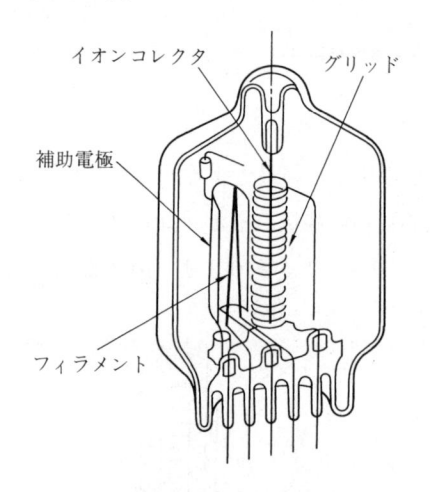

図 2.24　ワイドレンジ B-A ゲージ
〔麻蒔立男：薄膜化技術（第 2 版），
日刊工業新聞社（1984），p. 35 より〕

いままでお話しした電離真空計は，フィラメントを熱して電子を出します。
そこでこのタイプを「熱陰極型電離真空計」と呼びます。電離真空計には「熱
陰極型」に対して「冷陰極型」もあります。これは高いエネルギーをもった粒
子を陰極にぶつけることによって，気体のイオン化に必要な電子を生じさせる
型式です。例えば，イオンポンプの圧力表示部，ペニングゲージなどがそうで
す。しかし，圧力の目安として使われることはあっても，計測器として使われ
ることが少ないので，略させてもらいました。詳細は巻末の「ブックガイド」
に載せた真空の教科書をご覧ください。

2.5.5　指示値は何の圧力？

真空蒸着やスパッタなどで薄膜を形成するとき，製膜条件として，電離真空

2.5 B-Aゲージ（ワイドレンジB-Aゲージ，ヌードゲージ）

計の指示値を記録していると思います．例えば，真空蒸着をしているときならば，装置のなかには「水蒸気」，「水素」，「炭化水素」，そして「るつぼ（坩堝）やボートから蒸発する金属などの蒸気」などが存在するはずです．貴方は何のために，何の圧力を測っているのでしょうか．「何のために，何の圧力を測っているのか意識しないうちは，いくら長年真空技術に携わっても素人だ」と最初申したとおりです．「素人」から脱却するために電離真空計の指示値は何の圧力なのか考えてみましょう．

真空蒸着を例にとって考えてみましょう．図 2.25 に蒸着中の装置の断面を示します．

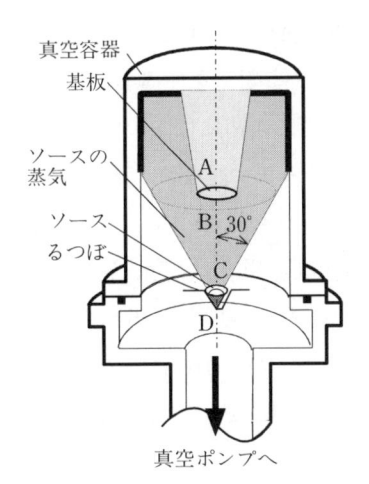

図 2.25 解析モデル

原料（ソースと呼びます）の蒸気をつくるため，装置の中央にあるるつぼでソースが加熱されます．基板表面（紙面に描かれているのは裏面）に衝突したソースの蒸気により薄膜が形成されます．基板と，ソースの中心軸が一致するとします．中心軸上の点 A(基板裏面)，B(基板表面)，C(ソース直上)，D(るつぼ下) に，かりに電離真空計を置いたとして，各場所での指示値を見積もってみましょう．

話しを具体的にするためにいくつかの条件を設定しておきましょう．

［解析条件］

① ソースはアルミニウム（Al）

② ソース蒸気は図 2.25 のように中心軸から 30° 内に均一に飛ぶ。
③ 真空容器は 25°C 一定。容器内で発熱するのは，るつぼのみ。
④ Al の堆積速度(たい)は基板表面で 1.2 μm/h
⑤ おもな寸法：るつぼ～基板間の距離 20 cm，るつぼ開口部（Al 溶融面）面積 1 cm²，基板径 5 cm
⑥ 残留ガス 3×10^{-7} Torr

条件がたくさんありますが，そのつど説明いたしますのでご心配なく。

さあ，解析を一緒にやってみましょう。

〔1〕 基板表面（B）での Al 蒸気の圧力は？

上の「Al 蒸気の圧力」は正しくは「Al 蒸気の流束・・」と言うべきですが，圧力計の指示値という意味で「圧力」という言葉を使いました。まず条件 ④ で出てきた「堆積速度が 1.2 μm/h」となるためには，1 秒間にいくつの Al 原子を基板に当てればよいかを見積もってみます。なお，基板に衝突した Al 原子はそこで凍結され，再び気相には戻らないとします。

付表 C.1 を調べると，Al 原子 1 mol の重さは 27 g，密度は 2.7 g/cm³ であることがわかります。つぎの設問 (Q.1)～(Q.6) を考えながら読んでいってください。できれば，答え A.1～A.6 を見る前に，自分で電卓をはじいて，答えを何かに書いておくと，効果があります。

(Q.1) Al 1 mol の体積は？

A.1　1 mol 当りの体積
　　　＝重さ÷密度＝27 g/mol÷2.7 g/cm³＝10 cm³/mol

(Q.2) Al 原子 1 個の占める体積は？

A.2　Al 原子 1 個の占める体積
　　　＝Al 1 mol の体積÷1 mol 中の Al 原子数
　　　＝10 cm³/mol÷6.02×10^{23} 個/mol＝1.66×10^{-23} cm³/個

(Q.3) Al 原子 1 個の占める空間を立方体と考えると，その立方体の一辺の長さは？

A.3 Al原子1個の占める空間の体積＝(立方体の一辺の長さ)³，立方体の一辺の長さ＝(Al原子1個の占める空間の体積)$^{1/3}$
＝$(1.66 \times 10^{-23})^{1/3}$＝$2.55 \times 10^{-8}$ cm

(Q.4) Al薄膜表面1 cm²当りにいくつのAl原子があるか？

A.4 表面に1 cm²に(Q.3)で考えた立方体をいくつ敷き詰められるかを考えればよいでしょう。

1 cm²当りのAl原子＝1 cm²÷$(2.55 \times 10^{-8}$ cm$)^2$
＝1.54×10^{15}個/cm²

上の(Q.4)と(Q.3)の答えを併せて考えると，1 cm²当り1.54×10^{15}個，Al原子が付着すれば，Al薄膜は2.55×10^{-8} cm厚くなることがおわかりと思います。

(Q.5) 条件④でいうところの，堆積速度1.2 μm/hは，1秒当りの堆積速度に直すといくらか？

A.5 1時間は3 600秒であるから，1秒当りの堆積速度は
1.2 μm÷3 600 s＝3.33×10^{-10} m/s＝3.33×10^{-8} cm/s

(Q.6) 「堆積速度が1.2 μm/時間」となるためには，1秒間にいくつのAl原子を基板に当てればよいか？

A.6 (Q.4)より，「1 cm²当り1.54×10^{15}個，Al原子が付着すれば，Al薄膜は2.55×10^{-8} cm厚くなる」ということですから，1秒当り3.33×10^{-8} cm厚くするには

$$1.54 \times 10^{15} \times \frac{3.33 \times 10^{-8}}{2.55 \times 10^{-8}} = 2.01 \times 10^{15} \text{個}/(\text{cm}^2 \cdot \text{s})$$

となります。

付録D.6の入射頻度の式を使うと，(Q.6)の答えから，基板表面(B)で観測されるAlの圧力P〔Torr〕を計算できます。付録D.6より入射頻度の式は

$$\text{入射頻度}\ J = 3.5 \times 10^{22} \times \frac{P}{\sqrt{MT}}$$

です。M は原子量，T は温度です。$M=27$，T には蒸着するときの Al の温度を使います。ここでは，かりに $T=1\,400\,[\mathrm{K}]$ としておきましょう。(Q.6) の答えを J に，M，T を式の右辺に代入すると，基板表面（B）で観測される Al 蒸気の圧力 P は

$$P = 2.01 \times 10^{15} \times \sqrt{27 \times 1\,400} \div 3.5 \times 10^{22} = 1.12 \times 10^{-5}\,\mathrm{Torr}$$

となります。

　一つ片付きました。これまでの見積もりで，結構大胆なことをしています。例えば（Q.3）で「アルミ原子を立方体とすると…」などです。こんな仮定にストレスを感じた方も多いかと思います。もし，できた Al 薄膜の構造がわかっていればもう少しくわしく計算できるのですが，構造を知るには X 線解析をしたり，結構手間がかかります。そんな手間をかけても，ここで，エイヤッと出した答えと桁では違いません。皆さんも経験と場数を踏めば何の努力もなしに大胆な近似を使えるようになります。あせらず，いつも自分の頭を使って考える習慣をつけてください。

〔2〕　るつぼの Al 溶融面 C で，Al 蒸気の圧力は？

　るつぼから蒸発する Al の蒸気は，条件 ② で，「中心軸から 30°内に均一に飛ぶ†」と仮定しました。条件 ② を絵にしてみると，**図 2.26** のようになります。

　ここで，矢印は Al 原子の軌跡を，大きな楕円は基板の置かれた平面を（点線が基板），矢印の出発する面がるつぼの Al 溶融面を表しています。先の真空ポンプのところでお話ししましたように，溶融面から蒸発した Al 原子は何かにぶつからないかぎり直進します。この条件 ② の言わんとしていることは，「単位時間にるつぼを飛び出す Al 原子の数と，基板の置かれた平面（空色の面）を単位時間に横切る Al 原子の数は等しい」です。言い換えれば，Al 原子は不生不滅ということです。

---

†　これもかなり大胆な近似です。種種の蒸発源（るつぼやボート）についての放射分布は，巻末のブックガイドに載せた『薄膜ハンドブック』のⅠ編2章の 2.3「蒸発源」をご覧ください。

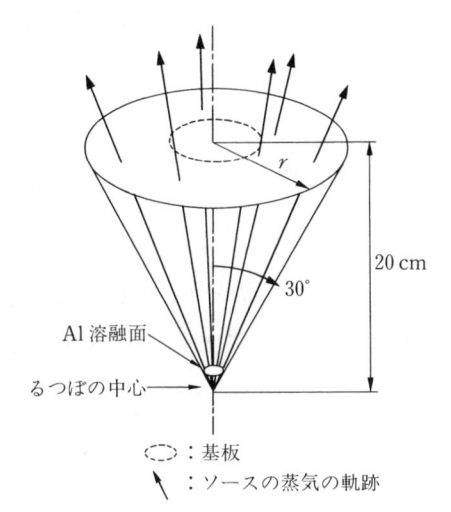

2.5 B-A ゲージ（ワイドレンジ B-A ゲージ，ヌードゲージ）

図 2.26 Al 蒸気の広がり

つぎの手順で，Al 溶融面における Al 蒸気の圧力を求めましょう。

- **(Q.7)** 基板の置かれた面を 1 秒間に横切る Al 原子の数を求めよ。
- **A.7** すでに，(Q.6) より基板の置かれた面で単位面積（1 cm²）を単位時間（1 秒）に横切る Al 原子の数が求まっています。あとは，基板の置かれた面の面積を求め，(Q.6) の答えに掛けてやれば，答えが求まります。

  るつぼの中心から基板の置かれた面までの距離が 20 cm ですから基板の置かれた面の半径 r は $r = 20 \times \tan 30° = 11.5$ cm。したがって，面積 $= \pi \times (11.5 \text{ cm})^2 = 4.19 \times 10^2 \text{ cm}^2$。求める Al 原子の数 $= 2 \times 10^{15} \times 4.19 \times 10^2 = 8.38 \times 10^{17}$ 原子/秒。

- **(Q.8)** 条件 ② と付録 D.6 の「入射頻度，蒸発頻度」の式を使って Al 溶融面における Al の圧力を求める。
- **A.8** 条件 ② より，A.7 で求めた Al 原子が，るつぼの Al 溶融面から蒸発していきます。蒸発していく Al の量を単位面積当りの原子数で表してやれば，るつぼの Al 溶融面の面積が 1 cm² ですから，8.38×10^{17} 原子/(cm²·s)。付録 D.6 に示す J の式より，圧力は J に比例することがわかります。したがって，るつぼの Al 溶融面

（C）における Al の圧力は，〔1〕で求めた基板表面における Al の圧力を使うと

Al 溶融面（C）における Al の圧力
$$= 1.12\times10^{-5}\,\text{Torr}\times\frac{8.38\times10^{17}}{2.01\times10^{15}} = 4.70\times10^{-3}\,\text{[Torr]}$$

と求まります。

真空のハンドブックなどに「蒸着条件」として $P=10^{-2}$ Torr になるるつぼの温度が書かれています[†]。皆さんが真空蒸着をするとき，電離真空計は 10^{-6} Torr 前後を示していると思います。ハンドブックになぜ 10^{-2} Torr などというかけ離れた値が乗っているのか不思議に思われたことでしょう。根拠は上の (Q.7)，(Q.8) にあったのです。

皆さんがふつう，電極などを付けたりする蒸着装置でるつぼと基板の距離は大体 10 cm から 20 cm の範囲ではありませんか。そう大きな隔たりはないと思います。いま計算したように，蒸着の速さは，るつぼと基板の距離，そしてるつぼの温度で大体決まります。つまり，ハンドブックに載っている 10^{-2} Torr になるるつぼ温度は，「実験室レベルの蒸着装置で」1 時間に約 1 μm の厚さの薄膜を積むための目安と考えればよいでしょう。

〔3〕 **基板の裏面 A で圧力を測ると…**

基板の裏面 A 点で電離真空計は何 Torr を指すでしょうか。

基板以外の点（例えば E）に飛んでいった Al 原子のその後をみてみましょう（図 2.27）。

るつぼを飛び出したとき，Al 原子は 1 400 K（先に仮定した溶融 Al の温度）に相当した熱エネルギーをもっています。壁面の点 E に衝突すると，すみやかに熱エネルギーを真空容器の内壁に放出し，内壁と同じ温度になります。条件 ③ で真空容器の温度を 25℃ としたので，E 点の Al 原子もこの温度になります。

[†] 例えば『薄膜ハンドブック』Ⅰ編の真空蒸着など。

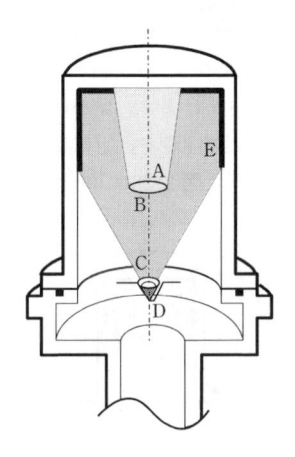

2.5 B-Aゲージ（ワイドレンジB-Aゲージ，ヌードゲージ）

図 2.27 電離真空計の設置位置

　25°CでのAlの平衡蒸気圧を約 10^{-20} Torr と見積もり[†]，先と同じ要領でE点から飛び出す頻度を求めてみましょう。25°C＝298 K ですから，下式の T のところに298を，M のところにAlの原子量27を代入すると，E点から再蒸発するAlは

$$再蒸発頻度 = 3.5 \times 10^{22} \times \frac{10^{-20}}{\sqrt{27 \times 298}} = 3.9 〔原子/(cm^2 \cdot s)〕$$

となります。

　このことから，壁からAlが再蒸発する頻度は，入射する頻度に比べ極端に小さいことがわかります。言い換えれば，Al原子は真空容器の壁に衝突したが最後，その位置に凍結されてしまうということです。したがって，基板の裏面のA点は，基板によってAl蒸気が遮られるのと，真空容器からAl原子の脱離がないことから，残留ガスしかやってこないことがわかります。つまりA点に置かれた電離真空計の指示値は，条件 ⑤ の残留ガスの分圧，つまり，3×10^{-7} Torr となります。

〔4〕るつぼの裏面Dで圧力を測ると…

　もうくだくだしい説明は要らないと思います。るつぼの裏のD点は，るつ

[†] Alの298 Kでの蒸気圧はどこにも載っていないので，『薄膜ハンドブック』に載っている高温での蒸気圧の値から外挿して，エイヤッと，求めた値です。

コラム

定常状態と平衡状態

定常状態と平衡状態，よく混同している人を見かけます．見かけは似ていますが，中身はまったく違うので，言葉を使うときにご注意を．定常状態のイメージは，「一方向に流れていて，時間変化がないこと」．図2.28に例をあげます．

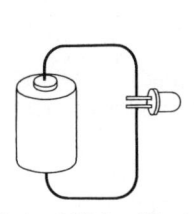

（a）LED[†]に流れる電流 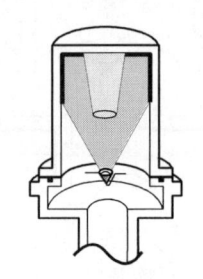　　（b）真空蒸着装置の原料蒸気の流れ

図 2.28　定 常 状 態

平衡状態のイメージは，「バランス」．上の定常状態に表現を合わせると「双方向に流れていて，時間変化がないこと」．図2.29に例をあげます．

（a）寒暖計のなかのアルコール 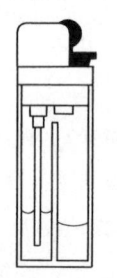　　（b）100円ライターのなかの液体ブタンとブタンガス

図 2.29　平 衡 状 態

[†] LEDとは発光ダイオードのことです．パソコンなどの電気器具で通電表示として使われたり，光通信の光源，最近では超大型ディスプレイ（オーロラビジョン）にも使われています．

2.5 B-Aゲージ（ワイドレンジB-Aゲージ，ヌードゲージ）

ぽによってAl蒸気が遮られるのと，真空容器からAl原子の脱離がないことから，やはり残留ガスしかやってきません。つまりD点に置かれた電離真空計の指示値は，3×10^{-7} Torr となります[†]。

〔5〕 いままでの結果をまとめると…

いままで，計算した各点の圧力をまとめると，図 2.30 のようになります。

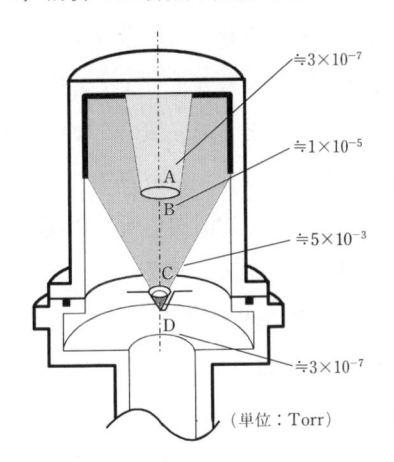

図 2.30 各点での圧力

（単位：Torr）

$\fallingdotseq 3 \times 10^{-7}$
$\fallingdotseq 1 \times 10^{-5}$
$\fallingdotseq 5 \times 10^{-3}$
$\fallingdotseq 3 \times 10^{-7}$

どうです。真空計の置かれた場所で指示値が $10^{-3} \sim 10^{-7}$ Torr台まで4桁も変わることがおわかりになったと思います。

いままで，問題を一緒に考えてきたのは，ただひと言「自分の装置の電離真空計は何の圧力を測っているのかを，つねに意識していただきたい」を言うためであります。電離真空計が何の圧力を測っているのか，否応なしにわからせてしまうのが，つぎの3章でお話しする質量分析計です。

[†] 実際には，るつぼの熱によりガス放出や付着物の蒸発が起こるので，真空計は 3×10^{-7} Torr よりは高い値を示すでしょう。

3 質量分析計

　質量分析計[†]は電離真空計の一種と考えてください。違いは，否応なしに分圧を観測できることです。使いこなせば，これほど重宝なインジケータはありません。残念ながら，私の知るかぎり「道具として」使いこなしている方は少ないようです。ここでは，質量分析計を使いこなすためのコツをお話ししたいと思います。見出しだけ先にまとめておくと，①設置場所が命の質量分析計，②マススペクトルはこう読め，③質量分析計購入ガイド。

　著者は筑波にいたころ，3年間毎日，質量分析計をいじりつづけてきました。それからさらに8年間まだお付き合いは続いています。これだけの経験から自信をもって言えることは，「質量分析計は定量分析をしようとすると，どえらい根性が必要だが，定性分析するには史上最強の道具だ」です。ぜひ，質量分析計をマスターしてください（図 3.1）。

四重極質量分析計 AQA 200
アネルバ(株)

図 3.1　質量分析計のヘッドとコントローラ

3.1　設置場所が命の質量分析計

　本文に入る前に，質量分析計の仕組みについて簡単にお話ししましょう。

[†]　質量分析計にもさまざまなタイプがあります。本章でいう質量分析計は，最もポピュラーな「四重極質量分析計」いわゆる「Qマス（＝QMS）」を指します。

3.1 設置場所が命の質量分析計　　75

図 3.2　電離真空計

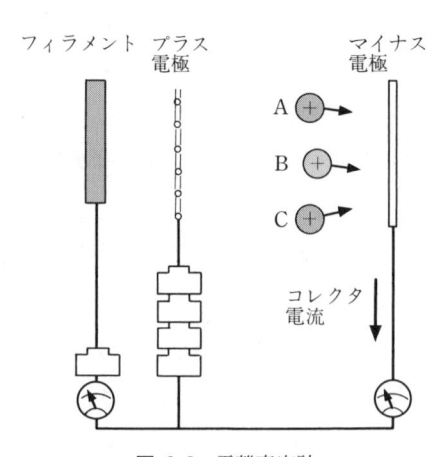

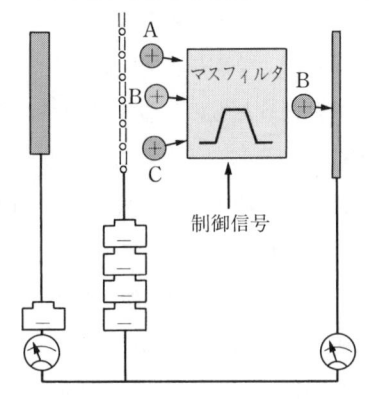

図 3.3　質量分析計

（質量分析計の場合，マスフィルタは特定（質量数/イオン価数）のイオンだけ通すので，各気体の分圧を知ることができるのです。）

電離真空計（**図 3.2**）と質量分析計（**図 3.3**）の違いを示します。

図 3.2 と図 3.3 は，気体分子がイオン化された後の動きに着目して，電離真空計と質量分析系のイメージを描いたものです。イオン化された気体分子を球で，分子の種類を記号 A，B，C で区別しています。電離真空計の場合，イオン化された気体はいっしょくたにマイナス電極に入射しますので，コレクタ電流から各気体の分圧を知ることはできません。質量分析計の場合，マスフィルタは特定（質量数÷イオン価数）[†]のイオンだけ通すことができるので，各気体の分圧を知ることができるのです。

著者がここで強調したいことは，「質量分析計とはマスフィルタ付きの電離真空計」ということです。ですから，いくら装置が複雑そうでも怖がることはありません。B-A ゲージに準じて使えば装置を壊すことはありません。要は使って，使って，使いまくることです。そして考えて，考えて，考えまくってください。先に進む前に，質量分析計を使ううえで重要な言葉の説明をしてお

[†]　例えば 1 価のアルゴンイオンならば 40÷1=40，2 価のアルゴンイオンなら 40÷2=20

きます。一つは「イオン価数」、もう一つは「質量数」です。

イオン価数　気体は，加速された電子に衝突されることで，イオンになることはすでにお話ししました。イオン価数とは，1個の気体分子（あるいは原子）が失った電子の数です。例えば Ar 原子を考えてみます。1個の電子を失ったもの，つまりイオン価数が1のアルゴンイオンを Ar^+ と書きます。2個の電子を失ったもの，つまりイオン価数が2のアルゴンイオンを Ar^{2+} などと書きます。

質量数　質量数は，一つの気体分子（原子）を構成している「陽子数と中性子数の和」[†1] で表されます。化合物半導体を成長している方にはおなじみの Ga を例にとって説明します。Ga は原子番号 31 です。原子番号は原子を構成している陽子の数のことですから，Ga の陽子数は 31 です。皆さんは，「原子番号が同じでも，中性子の数が異なるものが存在すること。それらを同位体と呼ぶこと」はご存じだと思います。そして，自然界において，これらの同位体の存在する確率は決まっています。

各原子について，同位体の種類とその存在確率は『理化学辞典』[†2] の巻末付録などに載っています。『理化学辞典』によれば Ga には質量数 69 と 71 の同位体が存在し，それぞれの存在確率は 60.2% と 39.8% であることがわかります。この存在確率は，質量分析計の信号を読み取るうえで重要なので，あとで改めてお話しします。質量分析計で観測されるピークの記述方法に関するある約束を下にまとめておきます。下の例は質量数 69 の Ga の一価イオンです。

$$\begin{array}{c}\text{質量数}\\\text{原子番号}\end{array}\text{元素記号}^{\text{イオン価数}} \longrightarrow (\text{例})\ {}^{69}_{31}Ga^+$$

さて，皆さんの装置では，質量分析計はあとから付けられることが多く，しかも，小難しいボタンがいっぱいあるので，使う人が少なく，ウン百万円もかけたわりには影が薄いのが現実ではないでしょうか。これからお話しするように，質量分析計が生きるも死ぬもヘッド（分析管）の設置場所にかかっています。ひょっとすると，いま，とんでもない場所に取り付けられているかもしれ

---
†1　陽子と中性子の数の和すなわち，核子の総数です。
†2　『理化学辞典』岩波書店。

ません.そこで,これから質量分析計の設置のキモをお話しします.とても簡単なのでよく覚えてください.

[設置場所決定の手順]

step 1：何を観測したいのか明確にする.
step 2：観測したい分子が最も来そうなポートに設置する.

これだけです.2章の電離真空計を読まれた方はもうご理解いただけたと思いますが,以下に種々の場合についてまとめましょう.

3.1.1 真空蒸着装置

〔1〕 何を観測したいのか明確にする

観測したい事項をまとめると表3.1のようになるのではないでしょうか.

表 3.1　真空蒸着装置の場合

	知りたいこと	測定するもの
①	残留ガス分圧の経時変化	残留ガス
②	リークの有無（Heリークチェックなど）	He,酸素,窒素など
③	基板に来る分子の種類と頻度	例えばソースの蒸気

②,③の説明は要らないと思います.①はメンテナンスの後,引きが悪い原因がリークなのか,真空容器からの放出ガスなのか知りたいとか,ベーキングのモニタといった用途を指します.

〔2〕 観測したい分子が最も来そうなポートに設置する

図3.4に,真空装置での設置場所を示しました.図でヘッドとは質量分析計のイオン化室のことで,通電するとフィラメントが点灯するあたりと覚えておいてください.

知りたいことが,① 残留ガス分圧の経時変化,② リークの有無の場合,ソース[†]の蒸気が来なければどこでも構いません.ボート,るつぼからヘッドが見えなければOKです.その理由は,ヘッドにソースの蒸気が付着すると,電極間の絶縁が不良になったり,検出器がだめになったりして,質量分析計が使

---

†　るつぼ,ボートあるいはバスケットに入れた薄膜の原料.

3. 質量分析計

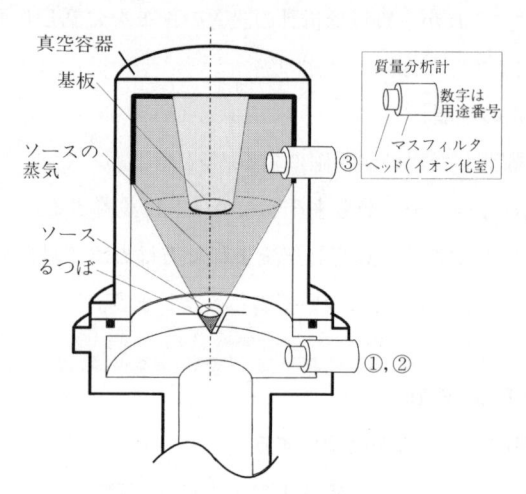

図 3.4 真空蒸着装置での設置位置

えなくなってしまうからです。

　また，応答性やデータの信頼性を高めるためには，イオン化室を蒸着装置の内側に突き出すのがベストです。しかし，蒸着装置の内側にスペースがなかったりして，突き出せない場合もあります。そのときは，口径1.5インチ以上の導管（できるだけ短く）で質量分析計を真空容器に接続してください。言わずもがなのことですが，いくら容器の内側に突き出すのがよいからといって，ソースのチャージや基板の交換の邪魔にならない位置にしてください。

　③（基板に来る分子の種類と強度を知ること）はお勧めしません。はっきり言えばおやめなさい。もしどうしても知りたければ基礎研究の部隊をおだてて，彼らにやらせるか，他の方法を考えたほうが無駄な時間が省けます。その理由は，第一に500万円以上の投資が必要ということ。第二に質量分析計は定量分析が苦手だということ。この二点です。500万円以上の投資をしても③をやりたい方，どうぞ著者に相談してください。

3.1.2 スパッタ装置,ドライエッチング装置の場合
〔1〕 何を観測したいのか明確にする

例によって,何の分子を観察したいのかはっきりさせます。「知りたいこと」ごとに「測定するもの」を表3.2にまとめました。

表 3.2 スパッタリング装置,ドライエッチング装置の場合

	知りたいこと	測定するもの
①	残留ガス分圧の経時変化	残留ガス
②	リークの有無	He,酸素,窒素など
③	エッチング進行状況のモニタ	反応性生物など
④	プラズマの状態	励起分子など

①の残留ガス分圧の経時変化については,スパッタやドライエッチングをする前後ならば真空蒸着の場合と同じです。しかし,スパッタやドライエッチングをしている最中の場合,質量分析計の動作圧の範囲を超えるので,差動排気装置(後述)と組み合わせなければ,観測できません。

②のリークの有無を調べるのは,真空蒸着のときと同じです。

③,④の場合,結論を先に言ってしまえば,泥沼に落ちますので基礎研究の部隊にやらせるか,別の方法を考えるべきです。私がこのように言うその心は,真空蒸着の場合と同じです。いや,さらに難しいでしょう。理由は以下のとおりです。

(1) 一般に,スパッタやドライエッチングを行っているときの真空容器の圧力は,質量分析計の動作圧より1~2桁高いので,質量分析計を使うことはできません。どうしても使いたい場合は,真空容器のガスをリアルタイムでサンプリングできる差動排気装置†と組み合わせるという手段がありますが,設計製作のために半年の時間と数百万円の出費を覚悟してください。

---

† 差動排気装置:スパッタリングやドライエッチングの装置とは別に質量分析計専用の真空容器(もちろんポンプ付き)を用意します。この真空容器と対象とする装置を導管で結び,途中に(質量分析計用の)真空容器の圧力調整のための,10~100μm台の口径のオリフィスまたはバリアブルリークバルブを設けたものです。

(2) 励起種†は一般に寿命が短く，反応性に富みます．したがって励起種が，差動排気装置のオリフィスや導管を通過する間，何の変化もなく，質量分析計のヘッドに到達する保証はまったくありません．そこのところを心得ておかないと，多くの時間と金を投資しても何の結果も得られないということになりかねません．

(3) さらに，スパッタはともかく，ドライエッチング装置では塩素など腐食性のガスを使うため，質量分析計にとってはナメクジを塩のなかで働かせるようなものだと思ってください．

〔2〕 観測したい分子が最も来そうなポートに設置する

① 残留ガス分圧の経時変化，② リークの有無を調べる場合は，真空蒸着と同じく，スパッタされたターゲットなどがダイレクトに質量分析計のヘッドに入らない位置に設置します．

ただし，スパッタやドライエッチング装置では反応生成物の回り込みが激しいので，シャッタやバルブなどで質量分析計と真空容器を遮断できるようにしたほうが，質量分析計の寿命を長くできます．

3.2 マススペクトルはこう読め

質量分析計では，イオンの（単位電荷当りの）質量数によって，イオンを分離しています．そして，横軸にイオンの質量数（単位電荷当り）を，縦軸にそのイオンの強度を表したのが，マススペクトルです（87ページの図3.5参照）．詳細はあとで述べますが，大事なことは

(1) ある質量数のイオンの強度には，いろいろな分子から生成したイオンが寄与している．

(2) 分子は，イオン化のされるとき，種々の質量数のイオンができる．
です．つまり，マススペクトルの一つのピークは，複数のイオンの重ね合せであり，一つのピークの強度だけから，分圧をうんぬんとすることは，ほとんど

---

† 高速の電子に叩かれて励起状態（高いエネルギーをもった状態）にある分子や原子を言います．

の場合，ナンセンスだということです〔皆さんがお使いのHe（ヘリウム）リークディテクタはごくまれな例外です〕。こう書くと，マススペクトルは難解なものだというイメージを抱かれるかもしれませんが，細かいことを言わなければ，すぐ読めるようになります。そして，マススペクトルを見ただけで，真空容器の残留ガスの推定ができるのですから，ものにしない手はありません。

つぎのことを考えながら，マススペクトルを見れば，あなたはマススペクトルをものにできます。

（1） 分子に電子が衝突すると何が起きるか？
（2） マススペクトルの縦軸と横軸の意味

3.2.1 分子に電子が衝突すると何が起きるか？

ここで言うところの分子は，真空容器のなかを飛ぶ分子や原子の総称です。分子に高速の電子がぶつかると，ある確率で分子がイオンになることは2章の「電離真空計」の項でお話ししました。マススペクトルを読むときに重要なのは「質量数」という概念です。ここでは，まず，高速の電子が分子にぶつかったとき，どんな質量数のイオンができるか考えてみましょう。

〔1〕 **どんな質量数のイオンが生成するか**

質量分析計の場合，分子に電子が衝突した場合に起こる変化は
（1） 分子内の電子を励起する。
（2） 原子間の結合を断ち切る。
（3） 分子内の電子を弾き飛ばす。

が複合したものです。ここで，(1)と(3)の違いは，(1)はある時間がたてば電子は再びもとの状態に戻ります。つまり(1)の場合，分子は終始中性です。

(3)の場合，電子は分子の支配を離れてしまいます。つまり分子はイオンになります。質量分析計で観測されるのは，電子が衝突することによって「電荷を帯びた分子(3)」，「電荷を帯びた分子の破片(2)」です。電荷を帯びていない(1)は観測できません。

水蒸気のような簡単な構造の分子を例にとって説明します。原子間の結合を

一本一本切ってみます。下式はその様子を表したものです。

$$H-O-H \Rightarrow H-O + H$$
$$\Downarrow$$
$$H-O \Rightarrow H + O$$

「−」が酸素原子と水素原子の結合を表します。また，⇒ はある状態から別の状態への変化を表します。

つぎに，これらからどんなイオンができるでしょうか．1価イオンのうち，おもなものを質量数の大きいものから並べてみましょう．

$$^{18}H-O-H^+, \quad ^{17}O-H^+, \quad ^{16}O^+, \quad ^{1}H^+$$

つまり，水蒸気を質量分析計で見れば，質量数 18, 17, 16, 1 にピークが観測されることがわかります．このほかにも2価のイオンも生成されますが，生成される確率が上の四つに比べ小さいので略しました．水のような単純な分子ですら，ざっと考えただけで，4種類のイオンができることがわかりました．

まとめますと，電子が分子に衝突することによりどんなイオンができるかは，いまお話ししたような ① 分子をばらす，② イオン化するという機械的な手順で予想できます．つぎはこれらのイオンがどんな割合で生成するかお話ししますが，その前に問題を考えてみましょう．

(例題 3.1)　電子衝撃により生成するイオン

電子衝突により，つぎの分子（原子）から生成する1価のイオンは何？
(1)　Ga（ガリウム）　　(2)　メタン　　(3)　Ar（アルゴン）

(解 答)　(1)　Ga（ガリウム）　　Ga は原子量 69.72．電子の質量は陽子や中性子の質量に比べれば無視できる．だから，質量数 69.72 の1価のイオンができる…．なんてことはありません．「原子量」と「質量数」の混同です．**表 3.3** に整理します．

表 3.3　Ga（ガリウム）

原子番号	核種（同位体）	存在比〔%〕	質　量
31	^{69}Ga	60.2	68.925 574
	^{71}Ga	39.8	70.924 706

〔岩波書店『理化学辞典』第4版 (1987), p. 1434 より〕

原子量は同位体の「質量[†1]」に存在確率を掛けて，すべての核種について足し合わせたものです。つまり，原子量とは「平均の質量」のことです。実際に計算してみます。Ga の原子量 = $(68.925\,574 \times 60.2 + 70.924\,706 \times 39.8) \div 100 = 69.721$。質量数とは陽子と中性子の数の和です。表の核種の左肩に書かれた数字です。

よろしいですか。ポイントは（四重極）質量分析計[†2]では質量数がイオンのラベルとなるということです。Ga は質量数 69 と 71 の同位体が存在しますから，生成するイオンは $^{69}Ga^+$，$^{71}Ga^+$ です。

（2）メタン　　炭素や水素にも同位体が存在しますが，圧倒的に一つの同位体の存在確率が高くなっています。質量数でいえば，炭素は 12，水素は 1 です。

$^{16}CH_4^+$，$^{15}CH_3^+$，$^{14}CH_2^+$，$^{13}CH^+$，$^{12}C^+$，$^{1}H^+$

あと，ここで大切なのは CH_3，CH_2，CH といった，ふつうは安定に存在できない構造も無視しないことです。初めての方には，ここが最大の難関かもしれません。私たちの生活空間でこれらの構造が安定に存在できない理由の一つは，分子どうしの衝突が無視できないからです。ところが，質量分析計のなかの圧力は十分に低いので，他と衝突することなしに検出部に到達してしまいます。

（3）Ar（アルゴン）　　Ar は 2 価イオンも比較的高い確率で生成されます。あとでくわしくお話ししますが，質量分析計では「質量数をイオンの価数で割った位置」にピークが現れます。

$^{40}Ar^+$，$^{40}Ar^{2+}$

アルゴンの質量数は 1 価，2 価のイオンも同じですが，イオンの価数が違います。したがって，上のイオンはあとに示す横軸上の別々の位置に現れます。

分子に電子が衝突すると何が起きるか，という問いに対する一つの答えが「種々のイオンが生成する」でした。そして，どんな質量数のイオンが生成するかは，「分子を機械的にばらす」，「同位体の存在確率を調べる」ことで見当をつけることができました。

〔2〕**イオンの生成する割合**

ここでは，マススペクトルの縦軸の大きさについてお話しします。あと，断っておきますと，ここでは「真空容器のなかに 1 種類の分子しかない場合」に限定します。現実には，真空容器のなかは，水蒸気とか窒素とかいろいろな種

[†1] なお，ここでいう「質量」とは，「質量数」12 のカーボンの「質量」を 12.000 000 0 としたときの値です。

[†2] もう一度誤解のないように言っておけば，ここでいう質量分析計とは，「四重極質量分析計（QMS）」のことです。

類の分子が飛び交っています。この場合はあとでくわしくお話しします。

マススペクトルの縦軸はイオンの生成確率に比例します。ここでは，これから質量分析計を使っていくうえでポイントとなることに的を絞って話を進めましょう。テーマはつぎの二つです。

（1） Ga には二つの同位体がある。マススペクトルでこの二つの同位体の強度はどのように観測されるか。

（2） CH_4（メタン）は電子衝撃によって CH^+, CH_2^+, CH_3^+, CH_4^+ などのイオンが生成する。これらのイオンの強度比はどうなるか。

以下，各テーマについて考えていきましょう。

（1） Ga には二つの同位体がある。マススペクトルでこの二つの同位体の強度はどのように観測されるか。

これは何も Ga に限ったことではありません。同位体をもつすべての元素に当てはまります。答えを先に言ってしまいましょう。「同位体のピークの強度は同位体の存在確率に比例します」。

例えば，Ga で言えば，質量数 69 と 71 の二つの同位体が存在します。この二つの同位体の存在確率はすでにお話ししたように 69 が 60.2％，71 が 39.8％です。大ざっぱには [69]：[71] ＝ 3：2 です。したがって，Ga 蒸気を質量分析すると，横軸の 69 と 71 の位置にピークが現れ，その高さは 3 対 2 となります。逆に横軸の 69 と 71 の位置にだけピークが現れ，その高さは 3 対 2 ならば，Ga 蒸気があると言えます。

理由は単純です。まず同位体どうしは「質量」は違いますが，化学的性質に差はありません。ということは，電子衝撃によりイオン化される確率は同じです。つぎに生成するイオンの数ですが，衝撃する電子の数が同じならば，そこに存在する同位体の数に比例するはずです。以上のことから，「同位体のピークの強度は同位体の存在確率に比例します」。

（2） CH_4（メタン）は，電子衝撃によって CH^+, CH_2^+, CH_3^+, CH_4^+ などのイオンが生成する。これらのイオンの強度比はどうなるか。

答えを先に言ってしまえば，教科書やカタログに出ている「パターン係数」

というのを利用するのが早道です。「パターン係数」とは，ある分子を質量分析にかけると，一般には複数の位置にピークが現れることをお話ししました。ここで位置とは，質量数をイオンの価数で割ったもの，つまりマススペクトルの横軸のことです。質量分析計のなかで生成されるイオンの大半は1価なので，単に質量数と考えても致命傷は負いません。「パターン係数」はよく使うので，本書の付表 F.1 に載せておきました。

例えば，CH_4 の場合は**表 3.4**のようになっています。

表 3.4 CH_4 のパターン係数

位 置	12	13	14	15	16	17
強 度	3	8	16	85	100	1

これは，最も強く観測されるピークの強度を 100 として，他のピークの強度を表したものです。傾向として，メタンが一つの電子を失ったもの「16」が最も強く，水素原子を失う数の多くなるに従って弱くなっていきます。

別の例を見てみましょう。CO（一酸化炭素）と N_2（窒素分子）はどちらも質量数は 28 です。ところが，「パターン係数」は**表 3.5** のとおりです。

表 3.5 CO, N_2 のパターン係数

位 置	12	14	16	28	29
CO	6	1	3	100	1
N_2	<1	14	<1	100	1

「28」の位置にいずれも強いピークが観測されますが，「14」の位置でピーク強度に差が現れます。つまり，「28」に強いピークがあって，「14」にもその 15 ％ほどのピークがあれば，残留ガスは N_2 らしく，もし「14」に強いピークがなければ CO の可能性が高い，と言えます。上の表現でらしいとか，可能性が，などと断定の表現を使っていない理由については，のちほどお話しします。このように「パターン係数」を使えば，スペクトルから分子の種類を推定することができます。

「パターン係数」は分子には固有ですが，質量分析計の設定条件や機種ごとによって微妙に変わるため，あなたの装置で測定された水蒸気の「パターン係

数」と，本書の付表 F.1 に載っている水蒸気の「パターン係数」は完全に一致することはありません。でも「18」の位置に強いピークが現れ，「17」の位置に「18」の1/4ほどのピークが現れるという傾向は変わりません。パターン係数は普遍的なものではなく，単に「傾向」を表すものとしてとらえてください。

以上をまとめますと

電子との衝突により生成するイオンの割合は「パターン係数」により知ることができる。「パターン係数」は分子には固有だが，機種や設定条件により微妙に異なる。

注意点ですが，「パターン係数」は質量分析計の設定条件によって変わってしまうことです。特に，「イオン化」，「分解能」に関する条件[†]は「絶対に」いじらないことです。どうしても，いじる必要があるときは必ず前の条件をメモするようにしてください。そうしないと，いままで蓄積したデータが屑になります。お疲れさま，ひと休みしてください。

3.2.2 マススペクトルの縦軸と横軸の意味

質量分析計の縦軸と横軸の関係を考えてみましょう。質量分析計も最近では，さまざまな表示モードが選べるようになってきました。ここでは，最も基本的な表示モードである，マススペクトル表示を取り上げてみます。マススペクトル表示の一例を**図3.5**に示します。

横軸は 3.2.1 項で「位置」と読んでいた量です。つまり，イオンの質量数をイオンの価数で割ったものです。縦軸はイオンの生成量です。ここで，横軸を表すのに，いちいち「イオンの質量数をイオンの価数で割ったもの」と繰り返すのはたいへんなので，多くの質量分析計で使われている「m/e」という表示を使います。「m」が質量数，「e」が価数と覚えておくと便利です。例えば Ar^+ ならば $m/e=40\div1=40$，Ar^{2+} ならば $m/e=40\div2=20$ といった具合です。

[†] 機種により呼び方が違うのでここでは明示しません。質量分析計の仕組みをよく知っている方にお聞きください。

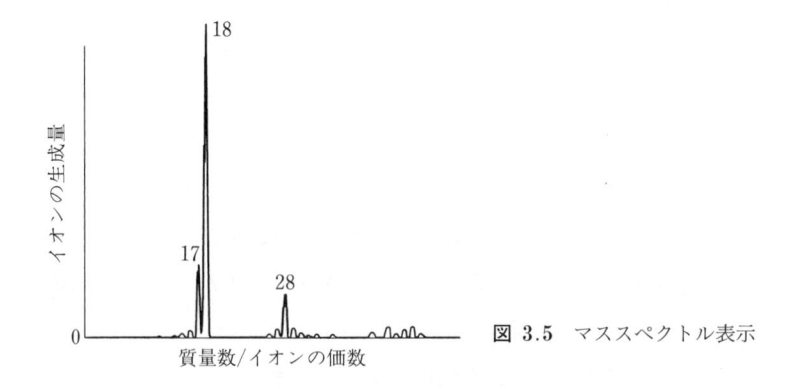

図 3.5　マススペクトル表示

マススペクトルをものにするコツは，「マススペクトルはパターンの足し合せである」と認識することです．図3.6で説明します．

（a）　ある分子のパターン　　（b）　別の分子のパターン

（c）　観測されるマススペクトル

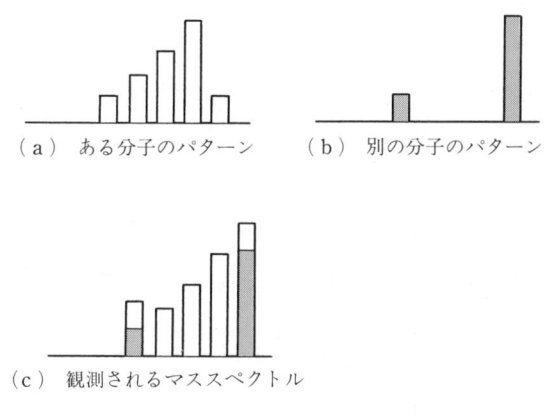

図 3.6　マススペクトルはパターンの足し合せ

例えば，ある分子の「パターン係数」を横軸に m/e をとって描いたものが (a)，別の種類の分子について描いたものが (b) だとします．質量分析計の設置された真空容器に，この2種類の分子しかないとします．すると，観測されるマススペクトルはこの二つのパターンをある重みを付けて足し合わせたものとなります．「ある重み」とは，いまの時点では，それぞれの分子が示す分圧とお考えください．

実際，私たちが行うのは，この足し合わされたパターンから，分子の種類と量を推定することです。実際には真空容器のなかの残留ガスは2種類ということはなく，もっとたくさんあります。しかも，種類は未知，分圧も未知です。「これじゃ先が思いやられるわい」などと悲観することはありません。

人間とは大したもので，個々の分子のパターンを頭にインプットしておけば，マススペクトルを見ただけで，残留ガスの種類，分圧を実用範囲で推定できるようになります。ここでは，皆さんがマススペクトルを読むことができるようになるためのコツをお話ししたいと思います。

〔1〕 **個々の分子のパターンを頭にインプットする**

最初のステップは，パターン係数を数字としてではなく「絵（あるいはパターン）」として頭にインプットすることです。そのためには，自分でその分子のマススペクトルを描いてみることです。皆さんのなかには，結晶構造を勉強されている方も多いと思います。そのとき，本を何遍読んでも，見つめてもわからなかった結晶格子の並びが，結晶模型を見ただけで瞬時に理解できた経験をおもちではないでしょうか。それと同じです。ここでは，メタンを例にとって，マススペクトルを描いてみましょう。

（**手順1**） パターン係数を調べよう。

付表 F.1 でメタンの「パターン係数」を調べます（**表 3.6**）。

表 3.6 メタンのパターン係数

m/e	12	13	14	15	16	17
強度	3	8	16	85	100	1

（**手順2**） グラフ用紙に縦軸と横軸を描く。

横軸は等間隔で目盛を描いてください。数字の範囲は，きりのよい数字で，お任せします。例えば 10 から 20 の間を 1 ごとに 1 cm 刻みで。縦軸は 0 から 100 の範囲を等間隔で目盛を付けてください。例えば，0 から 100 の間を 10 ごとに 1 cm 刻みで。

（**手順3**） パターン係数をもとに棒グラフを描く。

（手順2）で用意したグラフ用紙に「パターン係数」を描き込んでいく。最

近はパソコンが普及して，表計算ソフトなどで簡単に体裁のよいグラフを描くことができます。でもここでは，パソコンは使わないでください。見てくれは，いまいちですが，グラフ用紙に描いたほうが，はるかに効率よく頭に「パターン係数」をインプットできます。労力と時間をかけてください。図3.7のような棒グラフができたと思います。これがメタンの「パターン」です。

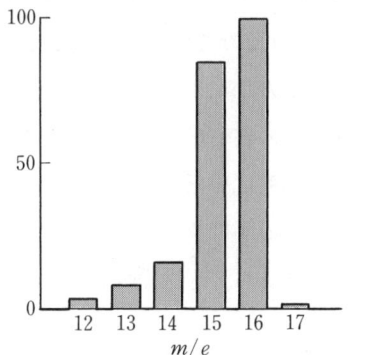

図 3.7 メタンのパターン

あとは，皆さんがよくお目にかかりそうな分子のマススペクトルを，いま言った要領で，描きためていくことです。そして暇さえあったらそれを眺めて，「パターン」を頭に焼き付けてください。

実用上，パターン係数は分圧に依存しません。つまり，CH_4 を例にとるならば，メタンの分圧が 10^{-6} Torr であろうと，10^{-10} Torr であろうと「パターン係数」は変わりません。変わってくるのは，軸の縮尺です。分圧が高くなれば，縦に引き伸ばされた形になりますし，分圧が低くなれば，押しつぶされた形になります。でも，ここの分子のマススペクトルを始終見ていれば，簡単に「パターン」を認識できるようになります。人間とは大したものです。

〔2〕「**マススペクトルは複数のパターンの重ね合わせ**」ということ

「観測されるマススペクトルは個々の分子のパターンの足し合せ」ということを先にお話ししました。この足し合わされるときの「重み」が各分子の分圧に比例します。例えば，真空容器のなかに，N_2（窒素分子），CO（一酸化炭素）があることがわかっているとします。このとき，$m/e=28$ という位置に

現れるピーク強度 I は，つぎのように重ね合せで表されます。

$$I = S_{窒素} \times (PTN_{窒素}) \times P_{窒素} + S_{CO} \times (PTN_{CO}) \times P_{CO}$$

ここで，S とは「電離真空計」の項で表された感度に相当する量です。PTN は「パターン係数」です。P は分圧を表します。下付きの添え字で分子の種類を表します。

「パターン係数」が既知として，分圧 $P_{窒素}$ や P_{CO} を求めるには，いくつかの m/e でのピーク強度 I を測定すれば求まりそうですが，難物 S が立ちはだかります。S は一般にはわかりません。2章の2.5.3項「電離真空計の感度」のところで少しふれましたように，イオン化の確率が気体分子によって違いますので，各分子のイオン化の確率（つまり感度）を正確に求めるにはたいへんな労力が必要です。質量分析計で，表面反応の解析など，定量的なデータをとる場合には，いくら労力がかかろうと，S や「パターン係数」を自分で校正しなければなりません。

しかし，質量分析計の用途を残留ガスモニターとリークチェックに限ってしまえば，知りたいのは「おもな残留ガスは何か」，「その残留ガスの分圧は，これから実験や製造を進めていくうえで無視できる「桁（オーダー）」かどうか」ということです。この場合，すべての分子の感度が同じとみても致命的な問題は生じません。つまり $S=1$ としてしまうのです。電離真空計のところに載せましたように，窒素を基準にしますと他の分子の感度は高々「割」でしか違わないからです。先の式で書けば

$$I = (PTN_{窒素}) \times P_{窒素} + (PTN_{CO}) \times P_{CO}$$

となります。もちろん「パターン係数」を自分で測定しなくとも「付表 F.1 の孫引き」で十分です。

式ではわかりにくいでしょうから，真空容器に，窒素と酸素しかなく，各分圧が窒素が 4×10^{-7} Torr，酸素が 1×10^{-7} Torr の場合を例にとって考えましょう。これも，手もとにグラフ用紙を用意して，自分の手で描いてください。

（手順1） 各気体のマススペクトルを描く

すぐ前にやったことのおさらいです。「パターン係数」を**表3.7**にまとめて

表 3.7　N_2, O_2 のパターン係数

m/e	14	16	28	29	32
窒素　N_2	14	<1	100	1	<1
酸素　O_2	<1	18	<1	<1	100

おきますので，棒グラフを鉛筆で描いてください．

描くときの注意点をまとめると下のようになります．

① 鉛筆を使う（パソコンの表計算ソフトは絶対に使わない）．
② 窒素と酸素を1枚の紙にまとめる．
③ 縦軸には表3.7のパターン係数の値を使う．

（手順2） ある気体を基準にして，分圧で縦軸の縮尺を変える．

窒素が4×10^{-7} Torr，酸素が1×10^{-7} Torr ですから，酸素は窒素の4分の1の強度になるはずです．そこで，先に描いた酸素の強度を4分の1にしてやり

　コ　ラ　ム

多重イオン検出モード

　初めて質量分析計を導入された方は，まず，マススペクトルモードで使うことをお勧めします．つまり，いままでお話ししてきた，横軸がm/e，縦軸が強度というモードです．

　これからお話しする多重イオン検出モード[†]は，残留ガスの経時変化や，定性的な反応解析に威力を発揮します．反応解析は一般的な話しがしにくいので，ここでは残留ガスについてお話しします．残留ガスの経時変化は常時とることが原則です．でも，マススペクトルモードでデータをとっていたら，データは見にくいし，第一，レコーダーチャートの山ができてしまいます．

　そんなときに便利なのが，多重イオン検出モードです．これは選択したm/eのイオンの強度だけを測定するものです．横軸が時間，縦軸が強度の折れ線グラフとなります．選択できるイオンの種類も4種類とか，8種類とかさまざまです．なお，多重イオン検出モードは機種によってはオプションになっていたり，できないものもあります．これから，質量分析計を導入する方で，残留ガスのモニターを目的とする方は，ぜひ多重イオン検出のできる質量分析計を購入されることをお勧めします．

[†] メーカーにより呼び名が違いますが，機能は同じです．

ます。例えば,「32」の強度を $100 \to 25$,「16」の強度を $18 \to 4.5$ といった具合です。図3.8のようなグラフができたはずです。

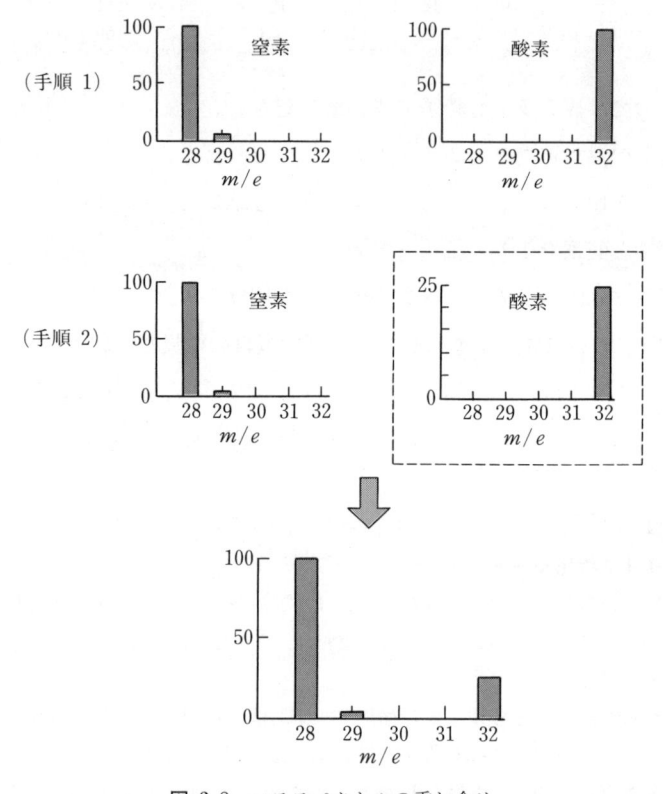

図 3.8 マススペクトルの重ね合せ

どうです,簡単でしょう。式を見たとき頭で理解されたかと思います。でも自分で手を動かして絵にしてみると「体が覚えた」はずです。

3.4節に例題集を載せておきましたので,ぜひチャレンジしてみてください。

3.3 質量分析計購入ガイド

質量分析計はかなり高価な測定器に属します。値段は測定できる m/e の最大値にほぼ比例していて,m/e の最大値×1万円が大体の値段です。しかし,

カタログを見てもどれも同じような数値が出ていて，けっきょくは一番安いものを選び，あとで泣くケースが多いようです．そこで，この節の最後に購入の指針をまとめておきます．

〔1〕 m/e の上限はどのくらいのものが必要か？

目的が残留ガスの管理とリークチェックだけならば，100 もあれば十分です．m/e の上限が大きいものを選ぶお金があったら他のオプションを付けるほうが絶対お得です．

〔2〕 オプションは何を付ければよいか？

残留ガスの管理をするのであれば，絶対に，「多重イオン検出機能」は必要です．残留ガスの管理は経時変化を記録してこそ意味があるのですから，「多重イオン検出機能」をぜひ付けてください．選択できるイオンの数は6個もあれば十分です．そして，目的は管理図の作成なのでいつでもすぐメモができなければなりません．そのためには，コンピュータに記録させるよりも，チャート式のペンレコーダを使ったほうが何かと便利です．「多重イオン検出機能」を付ける場合には「アナログ出力機能」のあるものを選んでください．質量分析計ではありませんが，チャート式の多ペンレコーダ類も用意してください．

装置の常用圧力が 10^{-8} Torr 台以下ならば電子増倍管（あるいはマルチチャネルプレート MCP）がないと仕事になりません．そうでなくとも，He リークチェックに威力を発揮しますので，付けることをお勧めします．

あと，最近の質量分析計のなかには特定のガスの分圧を Torr または Pa で表示できるものもあります．例えば窒素分圧 2×10^{-10} Torr，アルゴン分圧 1×10^{-11} Torr といった具合です．これらの表示される値は，先ほどのパターンの重ね合せの式を，メーカー独自のデータベースをもとに解いたものです．ただ，装置に特殊なガスを入れているような場合，特殊なガスのピークが，上で述べた窒素とかアルゴンなどのピークに重ならないという保証は何もありません．また，質量分析計がだんだん汚れてきたりして，イオン化の条件，分解能などが変わってくると，当然パターン係数も微妙に変化してきます．著者が言いたいのは，圧力の計算されるアルゴリズムを理解しないうちは，これらの分

94   3. 質 量 分 析 計

圧を信じないほうがよいということです．あくまでもおまけと考えたほうが身のためです．極論すれば，オプションならば，分圧表示機能は要りません．

プラズマ診断には差動排気装置が不可欠です．また，表面反応の解析には液体窒素温度に冷やした特殊な鞘(さや)で質量分析計を覆ってやることが必要になります．しかし，これらの設計は非常に難しく，かつ経験がものを言いますので，基礎研究に従事する方にしかお勧めできません．

3.4 例 題 集

最後にいくつかの問題を考えてみましょう．付表F.1のパターン係数を活用してください．

(例題3.2) マススペクトルから残留ガスの様子を知る

$m/e=1$ から 35 の範囲でマススペクトルをとったところ図 **3.9** のようなスペクトルが得られました．残留ガスの種類と大ざっぱな分圧を見積もってください．なお，装置の全圧は 3×10^{-7} Torr でした．

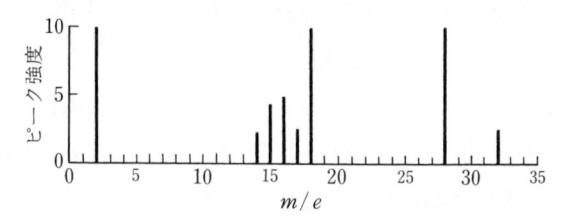

図 3.9　例題3.2のマススペクトル

(解 答) まず，残留ガスやリークといえば，相場は水素，水蒸気，窒素，酸素と決まっていますのでそれぞれの代表ピーク 18, 28, 32 を見てみましょう．ありました．また，16 の近辺に林のようにピークがいっぱいあります．これは炭化水素の特徴です．もし，この炭化水素がエタンならば 28 の付近にもピークの林ができるのですが，それがありませんので，メタンのようです．そこで，水素，メタン，水蒸気，窒素，酸素の代表ピーク 2, 16, 18, 28, 32 を色分けします．その様子を図 **3.10** に示します．

つぎに水素，メタン，水蒸気，窒素，酸素のパターン係数を付表F.1などで調べてください．そして，ぜひ個々のマススペクトルをグラフ用紙に書き出してください．描き方の要領はすでにお話ししました．では，グラフができたら，図3.9とあなたの描いたマススペクトルと睨(にら)めっこして，本当に残留ガスが，水素，メタン，水蒸

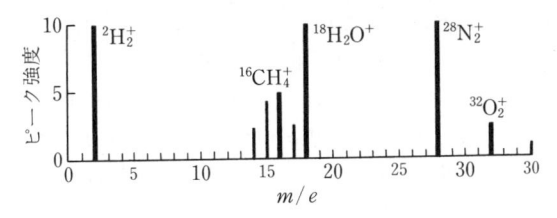

図 **3.10** マススペクトルを色分けする

気，窒素，酸素かを確かめてみてください．確かめられましたか．こうしてみると，一つの分子からいくつかのピークが現れても，種類の同定に必要なのは一つか二つであることがわかるでしょう．

ではつぎに進みます．各分子の代表ピーク（最も強度の強いピーク）が各分子の分圧に比例するという大胆な仮定のもとで，分圧を計算してみましょう．

各分子の代表ピークの強度は

$$^2H_2^+ = 10, \quad ^{16}CH_4^+ = 5, \quad ^{18}H_2O^+ = 10, \quad ^{28}N_2^+ = 10, \quad ^{32}O_2^+ = 2.5$$

と読み取れます．例えば，水素の分圧 $P_{水素}$ は

$$P_{水素} = 全圧 \times \frac{水素の代表ピークの強度}{各分子の代表ピークの強度の総和}$$

$$= 3 \times 10^{-7} \times \frac{10}{10+5+10+10+2.5} = 8 \times 10^{-8}\,\text{Torr}$$

となります．以下，同様にして

$$P_{メタン} = 4 \times 10^{-8}\,\text{Torr}, \quad P_{水蒸気} = 8 \times 10^{-8}\,\text{Torr}$$
$$P_{窒素} = 8 \times 10^{-8}\,\text{Torr}, \quad P_{酸素} = 2 \times 10^{-8}\,\text{Torr}$$

と求めることができます．

（例題 3.3）パターンのイメージ化

メタン，エタン，アルゴン，二酸化炭素，空気のマススペクトルを描きなさい．

（解答） これは何も考えることはありません．付表 F.1 の数値を使って棒グラフを書くだけです．ただ頭で理解するのではなく必ず紙にていねいに書いてください．この問題の意義は面倒くさがらず手を動かす習慣をつけることにあります．何度も言いますが，パソコンの表計算ソフトは使わないでください．

（例題 3.4）本当にリークなの？　それとも …

多重イオン検出モードで観測していると，$m/e=32$ の位置に強いピークが観測されることがあります．これが本当にリークに起因するものか確かめる方法を考えなさい．

超高真空装置を使っている方にはおなじみの問題です．例えば，装置のメンテナンスの後などに，$m/e=32$ のところに強いピークがよく観測されます．酸素のピーク

がこの位置に現れますので，装置にリークか？　と，一瞬ドキリとさせられます。が，メンテナンスのときにガスケットを拭くのに使ったメタノールもこの位置にピークをもちます。じっくり考えてください。答えは一つではありません。

(解答) 解答の一つは，Heリークチェックを行うことです。Heは$m/e=4$の位置だけにピークが現れます。もし，リークならば，Heを掛ければ，$m/e=4$のピーク強度が急激に上がります。もし，ピーク強度に変化がなければリークの可能性はだいぶ減ります。でも，このような現象が見られるのは，超高真空装置の排気の初期段階のことが多く，場合によってはMCPや電子増倍管といった機構を使えない圧力範囲の場合があります。著者の場合は，念のため，その日は終夜排気を続け，つぎの日MCPや電子増倍管を使える状態になってから，もう1回Heリークチェックをかけることにしています。

　二つ目の解は，m/eが32と28のピーク強度比をとることです。空気は大ざっぱには酸素と窒素の混合ガスとみなせます。この場合，窒素と酸素の割合はおおよそ$4:1$ですから，28と32の強度比が$4:1$から隔たっていれば（例えば$10:1$とか$1:10$とか）リークの疑いは薄れます。$5:1$とか$3:1$の場合はリークの疑いがありますので，面倒がらずにHeリークチェックをしてください。

　三つ目の解は，メタノールから生成するイオンを予測する方法です。メタノールの化学式から$m/e=32$の付近に

$$^{32}CH_3OH^+,\ ^{31}CH_2OH^+,\ ^{30}CHOH^+,\ ^{29}COH^+,\ \cdots$$

のようなピークが観測されることが予想されます。リークの場合は32，28に強いピークが現れるだけですが，メタノールの場合は，これらのイオンに起因するピークが林のように観測されます。このような林がある場合はメタノールの可能性が濃厚です。ただ，この場合も念のためHeリークチェックをかけておいてください。疑わしいと思ったら，Heリークチェックすることです。

II編
真空技術の基本公式

　真空技術では，基本となるいくつかの公式があります．でもその公式が導き出された大前提を知らないで使うと思わぬ失敗をしてしまいます．そこで，本編では基本公式の導き出された過程や使い方についてお話しいたします．

　方針は

① 　微分，積分を使わない

② 　厳密さよりもイメージを重視する

③ 　皆さんにも考えてもらう

です．①，②については，真空技術では，桁で議論することがほとんどです．ですから，難しい数学を使って厳密な式を導出するのにエネルギーを使うよりも，現象のイメージをもっていただくためです．③については，ぜひ電卓と筆記用具を用意して，問題を解きながら読み進めてください．身につき方が驚くほど違います．

　真空でよく使う公式は

　　　理想気体の状態方程式：$PV = nRT$

　　　入射頻度の式：$J = \dfrac{1}{4} nv$

　（著者注：上の $PV=\cdots$ と $J=\cdots$ の式で n という記号を使っていますが，別のものです．くわしくは本文でお話しします）

の二つしかありません．これさえマスターすれば鬼に木刀です．さらに，「平衡蒸気圧」，「速度論」を使いこなせれば，鬼に金棒，猫にかつおぶし，金魚に赤虫．どこに出しても恥ずかしくありません．しつこいようですが，電卓と筆記用具は用意できましたか．では始めましょう．

4 PV = nRT

理想気体の状態方程式です。この式は，皆さんにはピーブイ，イコール，エヌアールティーとしておなじみだと思います。ここで，P は圧力，V は体積，n は気体のモル数，R は気体定数，そして T は絶対温度です。この式は，実験結果を整理したり，装置の設計に欠かせません。真空装置を使う場合，すべての気体は理想気体と考えて致命的な問題は起こりません。しかし，例外は必ずあるものなので，本章では，$PV = nRT$ の大前提，つまり何も考えなくて使える範囲，についてお話しした後，いくつかの例題を考えてみます。

4.1　$PV = nRT$ の大前提

状態方程式は，気体分子は大きさ 0（ゼロ），分子間に働く力 0，を大前提としています。実際は，気体分子は小さくても，ちゃんと大きさがあります。そして，分子間の力もしっかり働きます。例えば，使い捨てライターのなかに入っている液体はブタンです。液体になっているのはブタンガスの圧力が高くなって，分子間の距離が気体のときに比べて縮まり，おたがいに引っ張り合うようになったからです。

このほか，塩素，アンモニア，プロパンなど多くの気体は圧が高まると液体になります。このような場合，$PV = nRT$ を使うのに注意が必要になります。

でもご安心ください。うれしいことに，真空技術で扱う圧力の範囲（大気圧以下）では，気体分子はその大きさに比べ十分離れているため，分子の大きさや分子間の力を0として問題はありません。ですから，大気圧以下なら，胸を張って $PV = nRT$ が使えます。大気圧以上の気体の扱いはこの本の範囲を超えますので，状態方程式を知りたい方は高圧ガスの教科書や，この本の「ブックガイド」に載せました物理化学の教科書をご覧ください。

さて、いま、「大気圧程度ならば気体分子はその大きさに比べ十分離れているため、分子の大きさや分子間の力を0として問題はありません」と言いましたが、計算で確かめてみましょう。

4.1.1 気体の密度

ここでは、窒素分子を例にとって分子間の距離が圧力によって変わる様子を調べてみます。

〔1〕 **窒素分子の大きさ**

まず、窒素分子の大体の大きさを見積もります。窒素分子の大きさは『理化学辞典』を引いても調べることができますが、ここでは、皆さんが常識として知っている数値を使って見積もってみます。

液体は圧力を加えても体積はほとんど変化しません。つまり、分子が密に詰まっている証拠の一つです。そこで、1 mol の窒素分子の占める体積から、窒素分子の大きさの見当をつけてみます。液体窒素は、皆さん実験によく使われているのでおなじみと思います。液体窒素の比重を 0.8、1 mol の重さを 28 g とします。そして、窒素分子を一辺の長さ a の立方体として、a を求めてみましょう。時間のある方は、まず、自分で計算してみてから、以下の文と照らし合わせてみてください。

窒素分子 1 mol の重さが 28 g ということから始めましょう。液体窒素の比重が 0.8 ということは、1 cm³ の重さが 0.8 g ということですから、液体窒素 28 g の占める体積 V は、下記のようになります。

$$V = (液体窒素 1\,mol の重さ) \div (液体窒素の密度)$$
$$= 28\,\text{g} \div 0.8\,\text{g/cm}^3 = 35\,\text{cm}^3$$

窒素分子を一辺が a 〔cm〕の立方体としましたから、窒素分子1個の体積は、a^3 〔cm³〕です。窒素分子 1 mol、つまり 6.02×10^{23} 個の占める体積は、先で求めた 35 cm³ ですから

$$a^3 \times 6.02 \times 10^{23} = 35\,\text{cm}^3$$

$$a = \left(\frac{35}{6.02\times 10^{23}}\right)^{1/3} = 3.9\times 10^{-8} \text{ cm}$$

なる関係が成り立つはずです．上の式から，つまり窒素分子の占める体積は，およそ一辺が4Åの立方体の占める体積に等しいことがわかりました[†]．

〔2〕 気体分子どうしの間隔

窒素分子の大体の大きさがわかりましたので，窒素ガスでの分子の間隔を見積もってみましょう．容積 10 l の容器を窒素だけで満たします．窒素充てん後の容器の圧力 P が 1×10^{-6} Torr, 760 Torr, 100 気圧の場合，の窒素分子の平均の間隔を計算してみます．温度は 25°C としましょう．この場合は練習ですので，100 気圧でも窒素は理想気体として振る舞うと考えて結構です．

$PV=nRT$ を使う機会がまいりました．まず $P=1\times 10^{-6}$ Torr の場合を考えてみます．おっと，うっかりしていました．気体定数 R の簡単な覚え方を伝授しておきましょう．この方法さえ覚えれば，どんな単位でも簡単に気体定数 R を計算することができます．コツはただ一つ

「0°C 1気圧で理想気体 1 mol の占める体積は 22.4 l」

この文章を丸暗記してください．そうすれば気体定数 R を忘れた！ なんてパニックに陥ることはありません．ただし，$PV=nRT$ を知っているということが大前提です．確認のため，例題を用意いたしました．

(例題 4.1) 気体の状態方程式で，圧力の単位が Torr，体積の単位が l の場合の R を求めなさい．

(解答) 1気圧=760 Torr, 0°C=273 K, 真空技術に携わるあなたには常識の数字です．「0°C 1気圧で理想気体 1 mol の占める体積は 22.4 l」ですから，$T=273$ K, $P=760$ Torr, $n=1$ mol, $V=22.4$ l を気体の状態方程式に代入します．

$$R = \frac{PV}{nT} = \frac{760 \text{ [Torr]}\times 22.4\text{ }[l]}{1\text{ [mol]}\times 273\text{ [K]}} = 62.36 \left[\frac{\text{Torr}\cdot l}{\text{mol}\cdot\text{K}}\right]$$

(例題 4.2) 気体の状態方程式で，圧力の単位が Pa，体積の単位が m³ の場合の R を求めなさい．

[†] 窒素分子は，どう考えたって立方体であるものか！ とお怒りの皆さん，『理化学辞典』で「窒素」の項を調べてみてください．そうすれば，窒素分子内での原子間隔や分子間の距離を知ることができます．その結果と上で導いた値を比べてみてください．上のような乱暴な近似でも，「桁で勝負する」真空技術では十分通用することがわかりと思います．

(解　答)　1気圧=1.013×10⁵ Pa，これも真空に携わる者にとって常識の数字です．あと，$1\,l=(10\,\text{cm})^3=(0.1\,\text{m})^3=10^{-3}\,\text{m}^3$ を使います．

$$R=\frac{PV}{nT}=\frac{1.013\times10^5\,[\text{Pa}]\times22.4\times10^{-3}\,[\text{m}^3]}{1\,[\text{mol}]\times273\,[\text{K}]}=8.31\left[\frac{\text{Pa}\cdot\text{m}^3}{\text{mol}\cdot\text{K}}\right]$$

$$=8.31\left[\frac{\text{J}}{\text{mol}\cdot\text{K}}\right]$$

となります．実用上問題ない範囲で，気体定数を求めることができました．なお，上の式で $1\,\text{Pa}=1\,\text{N/m}^2$，$1\,\text{J}=1\,\text{Nm}$ の関係を使いました．

･･･････････････

寄り道してしまいましたが，これであなたは気体定数を忘れる心配がなくなりました．本道に戻ります．$PV=nRT$ を使う機会がまいりました．

まず $P=1\times10^{-6}\,\text{Torr}$ の場合を考えてみます．与えられた条件を整理します．$P=1\times10^{-6}\,\text{Torr}$，$V=10\,l$，$T=298\,\text{K}$ です．そして，気体定数 R は Torr，l 系ですから，すぐ前に求めた $R=62.4$ を使います．$10\,l$ の容器のなかに入っている窒素分子の mol 数 n は

$$n=\frac{PV}{RT}=\frac{1\times10^{-6}\,[\text{Torr}]\times10\,[l]}{62.4\times298\,[\text{K}]}=5.38\times10^{-10}\,[\text{mol}]$$

1 mol の分子数は 6.02×10^{23} ですから，窒素の分子数は $n\times6.02\times10^{23}=5.38\times10^{-10}\times6.02\times10^{23}=3.24\times10^{14}$ 分子となります．

他の圧力の場合もまったく同じ方法で計算することができます．計算してみてください．答えは**表 4.1** にまとめました．

表 4.1　各圧力における分子の数

圧　力〔Torr〕	窒素分子〔mol 数〕	窒素分子数（分子）
1×10^{-6}	5.38×10^{-10}	3.24×10^{14}
760	0.41	2.46×10^{23}
7.6×10^4（≒100 気圧）	40.9	2.46×10^{25}

$10\,l$ の容器のなかに窒素分子が詰まっています．窒素分子の間隔は平均すれば偏りがないと考えるのが素直ですから，ここでも窒素分子の間隔を b と考えます．すると窒素分子一つの縄張りの体積は b^3 で与えられます．その様子を**図 4.1** に示しました．

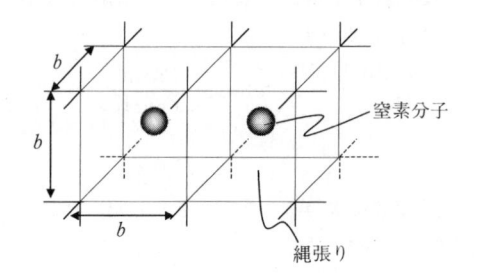

図 4.1 窒素分子の縄張りの体積

先ほどと同じようにして b が求められます。$P=1\times10^{-6}$ の場合を例にとって計算してみましょう。10 l の容器に窒素だけ 1×10^{-6} Torr 充てんされているとき，容器のなかの窒素分子の数は 3.24×10^{14} 分子でした。したがって，窒素分子一つの占める体積は

$$10 \,[l] \div 3.24\times10^{14}\,[分子] = 3.086\times10^{-11}\,[cm^3/分子]$$

となります。一方，窒素分子1個の縄張りの体積が b^3 ですから

$$b^3\,[cm^3/分子] = 3.086\times10^{-11}\,[cm^3/分子]$$

したがって，$b=3.14\times10^{-4}$ cm $=3.14\times10^4$ Å となります。

他の圧力の場合とともに計算結果を表 4.2 にまとめます。

表 4.2 各圧力における分子の間隔

圧力〔Torr〕	窒素分子の間隔 b〔Å〕
1×10^{-6}	3.1×10^4
760	34
7.6×10^4（≒100 気圧）	7.4

大人が立ったとき，約 40 cm 四方の場所を占有します。最初に求めた窒素分子の寸法が 3.9 Å でした。ここで Å を cm に置き換え，10 倍すれば約 40 cm になります。それをもとに窒素分子を人間で置き換えたのが図 4.2 です。

図 4.2 で，間隔とは隣り合う人間の距離です。100 気圧の場合，間隔は 74 cm あっても人間の占有面積があるので，$(74-40)/2=17$ cm 動けばぶつかってしまいます。分子間に引力や斥力が働かないとか，分子は点であるという仮定は，いささか無理が強すぎることがおわかりと思います。

一方，10^{-6} Torr の場合は，人と人の間隔は 3.1 km です。人口密度にたと

4.1 $PV=nRT$ の大前提

100 気圧のとき　間隔 = 74 cm

760 Torr のとき　間隔 = 3.4 m

1×10^{-6} Torr のとき　間隔 = 3.1 km

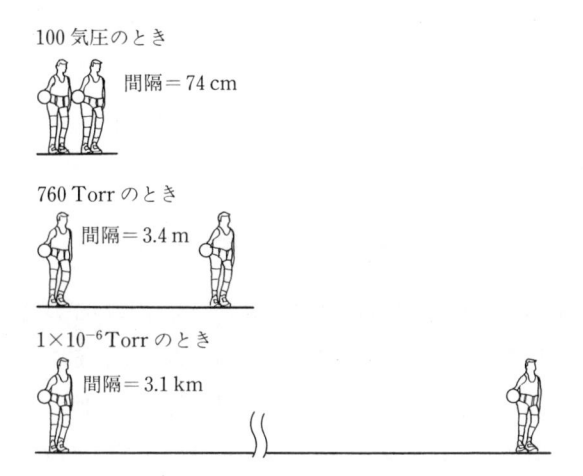

図 4.2 窒素分子を人に見立てる

コ ラ ム

相ってなんだ？

皆さんはよく，液相，固相，気相，時には表面相などという言葉を聞くことがあると思います。ここで使われている「相」という言葉は「面相」の相と考えてください。

人の顔はうれしいとき，怒ったとき，哀しいとき，楽しいとき，いろんな「面相」になります。本当に同じ人かと疑うばかりの場合もあります。人でなくてもH_2Oのようなものでも，温度と圧力によって，水（液体）になったり，水蒸気（気体）になったり，氷（固体）になったりいろんな「面相」をします。そこで，このH_2Oの「面相」に名を付けると，水は液体なので，「液相」，水蒸気は気体なので「気相」，氷は固体なので「固相」となります。他の物質でもまったく同じです。一般的に言えば，物質は，温度と圧力によって「液相」，「気相」，「固相」のうち一つの相が単独で存在する場合，二つの相共存する場合，三つ共存する場合があります。

物質は勝手気ままに，これらの相を示すのではなく，ある「哲学」に従っています。この「哲学」のことを熱力学と言います。熱力学というと，エンジンの効率のことかと思う方も多いようですが，それは産業革命の時代の話しで，実際は先に述べたように，物質の変化の方向を決める「哲学」です。きわめて強力な「哲学」です。マスターするのは楽勝とは言えませんが，「ブックガイド」に載せました「入門化学熱力学」を読んでください。目からウロコを保証します。

えるならば0.1人/km²です。シベリアよりも少ないかもしれません。これでは分子どうしがおたがいに影響し合うのも難しいですし、分子の平均の間隔3.1kmに比べれば、分子の大きさは4×10^{-4}kmほぼ1万分の1です。点とみなしても問題ないでしょう。

4.2 $PV=nRT$を使いこなす

気体の振る舞いは、考えている空間のなかに、気体しかない場合と、液体や固体と共存する場合とではずいぶん趣が異なってきます。そこで、最初に比較的簡単な、気体しかない場合を「真空装置の排気特性」を例にとってお話しします。そして、気体と液体や固体が共存する場合は5章の平衡蒸気圧のところでみっちり、お話ししましょう。

4.2.1 真空装置の排気特性

皆さんのよく使われるパソコンは、処理速度が年々速くなっていきます。1977年ころ、著者が秋葉原で部品を買い集めてつくったパソコンと、いま、使っているのを比較すると隔世の感があります。ところが、真空蒸着などの排気時間は、ここ20年さほど改善されていません。なぜでしょう。じつは、排気時間が短くならないのは装置の責任、というよりは貴方の責任なのです。そこのところを$PV=nRT$で考えてみましょう。

問題を解く前に直感で答えてください。ごくふつうの真空蒸着装置を考えます。ごくふつうとは、一室構成、つまりロードロックチャンバの付いていない蒸着装置です。さて、蒸着をするには、まず蒸着装置内を大気圧に戻し、基板やソースをセットし、所定の圧力まで排気をしなければなりません。さて、所定の圧力が2×10^{-6}Torrだとして、大気圧から所定の圧力になるまでの時間を短縮する効果的な方法は、つぎのうちどれでしょう。

(1) 装置のなかに鉄の固まりを入れ、ポンプが排気しなければいけない気体の量を少なくする。

(2) ポンプを排気速度の大きなものと取り替える。

(3) F1レースのタイヤの交換と同じくらい，てきぱきと短時間で試料をセットし排気を始める。つまり，蒸着装置が大気にさらされている時間を極力短くする。

答えはつぎの例題を考えると，おのずからわかってしまいます。では，一緒に例題を解いてみましょう。

例題4.3 リーク，ガス放出が"ない"場合の排気特性

容積 V〔l〕の真空容器を排気速度 S〔l/s〕のポンプで排気したときの圧力と時間の関係の一般式を導きなさい。排気開始時の容器の圧力を P_0 とする。

例題4.4 リーク，ガス放出が"ある"場合の排気特性

例題4.3の容器に Q〔Torr l/s〕のリークがあった場合の圧力と時間の関係を表す一般式を導きなさい。

例題4.5 数値例

$V=100\,l$, $S=10\,l/s$, $P_0=760\,\text{Torr}$ 共通とし，Q が $3\times10^{-5}\,\text{Torr}\,l/s$ の場合の圧力と時間の関係をグラフ用紙にプロットしなさい。

[例題4.3 リーク，ガス放出が"ない"場合の考え方]

この問題で重要な点は，真空容器のなかの気体が，時間とともにどんどん減っていくということです。思い出してみてください。これまで，学校で習った $PV=nRT$ はたいていが分子数が一定だったでしょう。でも，あなたは真空技術の匠(たくみ)になろうとしているのですから，ちょっと骨がですが，考えてください。問題を解くためにはイメージが必要です。真空容器とポンプのイメージを図4.3に描いてみました。子どものころ遊んだ水鉄砲と同じです。

ピストンを押し込んだとき（図の矢印の向き），弁1が閉じ弁2が開き，真空容器のなかの気体をポンプに取り込みます。ピストンを引くとき，弁1が開き，弁2が閉じるので，先ほど取り込んだ気体をポンプの外に排気します。まずは，図4.3をじっくりにらんで，ピストンを上下させると真空容器が排気されることを理解してください。理解しましたか。つぎに，解析モデルをすっきりさせるために，図を簡略化します。簡略化したものを図4.4に示します。

簡略化は，実際の構造よりもその働きに重点をおいて進めました。例えば，

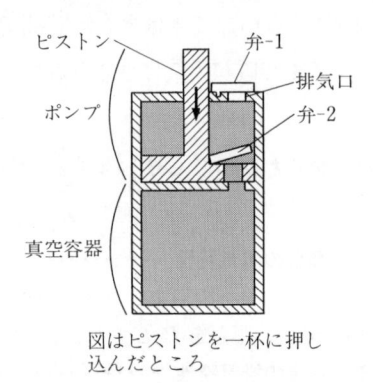

図 4.3 解析のためのイメージモデル

図はピストンを一杯に押し込んだところ

図 4.4 解析モデルの簡略化

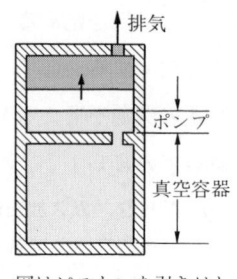

図はピストンを引きはじめたところ

弁，ピストンの駆動棒の省略などです。そしてピストンの上下による真空容器とポンプの容積，および圧力の時間変化をつぎに書き出してみます。

排気過程の説明

大事なことを先にまとめておきます（図4.4参照）。

- 真空容器の容積は一定 … V とする
- 真空容器とポンプの吸気側空間†の圧力は同じ

名称の簡略化：真空容器 → 容器，ポンプの吸気側空間 → ポンプ

（1）ピストン最下点：ピストンが一番下まで降りた状態を最下点と呼びましょう。図4.5に状態を示します。

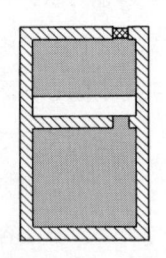

図 4.5 ピストン最下点

図 4.5 の表

時刻：t_1		
	ポンプ	容器
圧力	P_1	
容積	0	V

---

† ピストンと真空容器側の隔壁に挟まれた空間。

このときの時刻を t_1, 圧力を P_1 とします。ピストンが下まで降りていますので，ポンプの容積は 0 です。

（2） ピストン上昇中：ピストンが上がりはじめました（**図4.6**）。

図 4.6 ピストン上昇中

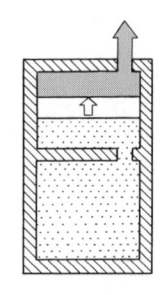

図 4.6 の表

	ポンプ	容器
時刻：t_2		
圧力	P_2	
容積	$S \times \Delta t_{21}$	V

図 4.6 は，ピストンが上昇を始め，ある時間経過したときのものです。ピストンが上昇するとともに，ピストン上側の空間の気体を外に追い出し，容器とポンプの占める空間の容積は広がっていきます。ピストンが上昇しているときのある時刻を t_2 とします。気体の閉じ込められている空間の体積が増えていきますので，圧力は減少します。圧力を P_2 としましょう。時刻 t_2 の圧力という意味で添え字 2 を付けています。以下，この約束に従います。

ポンプの排気速度が S ということは，ポンプの容積が単位時間に S だけ増えるということです。このことから，時刻 t_2 におけるポンプの容積 $= S \times (t_2 - t_1) = S \times \Delta t_{21}$ となります。Δt に付いている添え字 21 は時刻 t_2 から時刻 t_1 を引いたという意味で 21 にしました。以下，差をとるときはこの約束に従います。

（3） ピストン最上点：ピストンが上がり切りました（**図4.7**）。

この状態を最上点と呼びましょう。このときの時刻を t_3, 圧力をは P_3 とします。ポンプの容積は，$S \times (t_3 - t_1) = S \times \Delta t_{31}$ となります。

（4） ピストン下降中：ピストンは最上点まで達した後，下降を始めます（**図4.8**）。

ピストン下降中のある時刻を t_4 とします。ピストンが下降するときには，

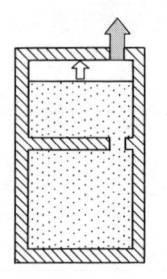

図 4.7 ピストン最上点

図 4.7 の表

時刻：t_3		
	ポンプ	容器
圧 力	P_3	
容 積	$S \times \mathit{\Delta} t_{31}$	V

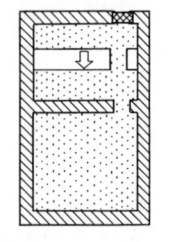

図 4.8 ピストン下降中

図 4.8 の表

時刻：t_4		
	ポンプ	容器
圧 力	$P_4 = P_3$	
容 積	$S \times \mathit{\Delta} t_{31}$	V

ピストンに付いた弁2が開いているので圧力は P_3 に等しくなります。ピストンの弁が開いている状態は，ピストンに穴をあけることで表しています。ポンプの容積はピストンの弁が開いていますので，時刻 t と同じ $S \times \mathit{\Delta} t_{31}$ となります。ピストンが下がり切ると再び(1)で示した「ピストン最下点」の状態に戻ります。

　実際に容器から排気が行われるのは(1)〜(3)の過程です。そのなかでポイントとなる(1)，(2)の過程をもとに式をつくってみましょう。

　まず，ピストンが上昇しているとき(2)を振り返ります。ページをめくるのは思考の妨げになるので，改めて**図4.9**に示します。

　図4.9の「容器」と「ポンプ」に注目してください。「容器」，「ポンプ」と名づけられた空間にある気体分子数の和は，外部から入り込む気体がないので，ピストンが最下点のとき(1)と同じはずです。この言葉を式にすればよいのです。気体定数 R，温度 T として，気体の分子数（正しくは mol 数）は

4.2　$PV=nRT$ を使いこなす

図 4.9 の表

	ポンプ	容器
時　刻：t_2		
圧　力	P_2	
容　積	$S \times \Delta t_{21}$	V

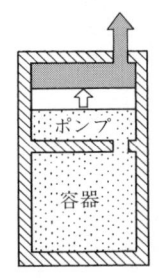

図 4.9　ピストン上昇中

（I）　ピストン上昇中の時刻 t_2 の「容器」$= \dfrac{P_2 \times V}{R \times T}$

（II）　ピストン上昇中の時刻 t_2 の「ポンプ」$= \dfrac{P_2 \times S \times \Delta t_{21}}{R \times T}$

（III）　ピストン最下点（時刻 t_1）の「容器」$= \dfrac{P_1 \times V}{R \times T}$

です。（I）＋（II）＝（III）ですから

$$\dfrac{P_2 \times V}{R \times T} + \dfrac{P_2 \times S \times \Delta t_{21}}{R \times T} = \dfrac{P_1 \times V}{R \times T}$$

RT を両辺掛けて RT を消してしまいます。

$$P_2 \times V + P_2 \times S \times \Delta t_{21} = P_1 \times V$$

そして，整理すれば

$$\dfrac{P_2 - P_1}{\Delta t_{21}} = -\dfrac{S}{V} P_2$$

が得られます。日本語に翻訳すると，Δt_{21} の間に容器の圧力が減少する大きさは，時刻 t_2 の圧力 P_2 に比例する。そして比例係数は S/V。つまり排気速度 S が大きく容器の容積 V が小さいほど，Δt_{21} 当りの圧力減少が大きいということです。ここまで，翻訳できれば 95％ 終わったも同じです。あとはグラフを描くための処理です。ちょっと微分方程式が出てきますが，こんなもんか，と感じだけつかんでいただければ結構です。上の式で t_2 を思いっきり t_1 に近づけ，そのときの極限値を**表 4.3** のように書くと約束します。また，こうなると添え字は意味がなくなるので，表では t や P の添え字を取り去ります。式

4. $PV=nRT$

表 4.3 極限値の表記法

近づける前の値	t_2 を t_1 に限りなく近づけたときの極限値
t_2	→ t_1
$P_2 - P_1$	→ dP
$\Delta t_{21} = t_2 - t_1$	→ dt
P_2	→ P_1

は

$$\frac{dP}{dt} = -\frac{S}{V}P$$

となります。この方程式を $t=0$ における圧力を P_0 として解くと

$$P = P_0 \exp\left(-\frac{S}{V}t\right)$$

あとは，与えられた数値 $P_0=760\,\text{Torr}$, $V=100\,l$, $S=10\,l/\text{s}$ を入れて

$$P = 760 \exp(-0.1t)$$

のグラフを書くだけです。上の S の単位からも明らかなように，t の単位は「秒」です。グラフを描いてみてください。何かおかしいですね。排気から5分経ったときの圧力はいくらになりました？ なんと

$$P = 760 \exp(-0.1 \times 5 \times 60) = 7 \times 10^{-11}\,[\text{Torr}]$$

です。こんなことは現実にはありません。何か条件が抜けているようです。それを答えてくれるのが例題4.4です。もう一度，例題4.4を書き出します。

（2） 例題4.3の容器に $Q\,[\text{Torr}\,l/\text{s}]$ のリークがあった場合の圧力と時間の関係を表す一般式を導きなさい。

私たちが使う真空装置で，ポンプが排気するのは「真空容器に最初からあった気体だけではない」ということを知っていただくための問題です。ポンプが「余分に」排気している気体とは，一つが「真空容器のリーク」，もう一つが「容器の内側などに吸着していたガス」です。例題4.4では，これら二つをまとめて「リーク」という言葉で表しています。

ふつう，リークといえば，ガスケットやOリングの取付けの不具合によって，真空容器のなかに大気が「漏れる（リーク）」ことを言います。でも，単

4.2　$PV=nRT$ を使いこなす　　111

位が複雑な形をしています。問題に入る前に，単位の意味を考えてみましょう。リークの単位は Torr l/s です。Torr は圧力の単位ですから，単位面積当りの力つまり〔N/m²〕に比例します。あと，l は体積の単位ですから〔m³〕に比例します。秒は説明不要でしょう。これらの関係をまとめると

$$\frac{\text{Torr}\cdot l}{\text{s}} \propto \frac{\text{N}}{\text{m}^2}\cdot\text{m}^3\cdot\frac{1}{\text{s}} = \frac{\text{N}\cdot\text{m}}{\text{s}} = \frac{\text{J}}{\text{s}} = \text{W}$$

リークの単位は W となります。これはこれで意味があるのですが，ちょっとピンときません。そこで，気体の状態方程式を思い出してください。$PV=nRT$ の両辺を時間 t で割ると，左辺の単位はまさに「リーク」のそれです。右辺を見ると，温度 T が一定ならば，RT は定数です。すると n/t が残ります。単位は mol/s。つまり「リーク」の Torr l/s は単位時間当りの気体分子の数の変化に関連したものであることがわかりました。さて，例題 4.4 を考えましょう。

[例題 4.4　リーク，ガス放出が"ある"場合の排気特性の考え方]

例題 4.3 と同じく，最重要過程であるピストン上昇中の状態を，下にまとめます（図 4.10）。

図 4.10 の表

	時　刻：t_2		
	ポンプ	容　器	単　位
圧　力	P_2		Torr
容　積	$S\times\Delta t_{21}$	V	l
時刻 t_1 から t_2 までのリーク量	$Q\times(t_2-t_1)=Q\times\Delta t_{21}$		Torr l

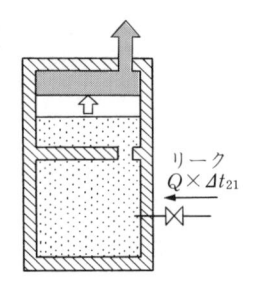

図 4.10　ピストン上昇中
（リークがある場合）

例題 4.3 と違うのは，容器に Q というリークがあることです。先ほどもお話ししましたように，Q は単位時間に容器に流入する気体の分子数に関連し

た量ですが，分子数そのものではありません。気体の分子数を表すには，気体の状態方程式からもわかるように，Q を RT で割る必要があります。

　ここでは気体の分子数に注目して考えていきましょう。もし，リークがなければ，ピストン上昇中，「ポンプ」と「容器」にある気体の分子数は，ピストンが上昇を始める前の数と同じです。ところが，例題4.4の場合は Q なるリークがあります。日本語で整理すれば「ポンプ」と「容器」にある気体の分子数の合計が「時刻 t_2 では時刻 t_1 のときよりリークがある分だけ増えている」となります。これを式にすればよいのです。やってみましょう。

　まず時刻 t_2 で「容器」と「ポンプ」にある気体の分子数。これは「容器」と「ポンプ」を合わせた体積が $V+SΔt_{21}$，圧力が P_2 ですから，気体の状態方程式より

$$\frac{P_2(V+SΔt_{21})}{RT}$$

この分子数は，時刻 t_1 のそれよりもリークの分だけ多いということです。

時刻 t_1 での分子数は

$$\frac{P_1V}{RT}$$

リークにより増えた分は

$$\frac{QΔt_{21}}{RT}$$

つまり

$$\frac{P_2(V+SΔt_{21})}{RT}=\frac{P_1V}{RT}+\frac{QΔt_{21}}{RT}$$

となります。式の整理と，t_2 を t_1 に限りなく近づけたときの処理はお任せします。やった後，つぎに進んでください。

　リークが Q の場合の微分方程式はつぎのようになります。

$$\frac{dP}{dt}=-\frac{S}{V}P+\frac{Q}{V}$$

　上の式を解くのは難しくありませんが，ここでは式を解くよりも，式の意味

を考えるほうが重要です。そこで，この本では上の式の解は追求しません[†]。そのかわり，微分方程式の日本語意訳を書いておきます。

[**日本語意訳**]「(真空容器をポンプで排気するとき) 圧力 P の減り方は，圧力 P が高いときほど急である。リークの影響は圧力に関係なく現れる。」

あまりうまい訳ではありませんが，式の言わんとしていることはわかっていただけたと思います。補足をするならば，「リークの影響は圧力に云々」はこの問題で Q を定数としたからです。実際，Q は定数ではありませんが，定数とみなしても致命傷は負いませんのでご心配なく。

さて，著者からの提案ですが，式に出会ったら，式を解く前にぜひ「日本語意訳」を付けておくことをお勧めします。式を解くのはコンピュータにも，公式集にもできることですが，式の物理的イメージを考えるのは人間にしかできないことだからです。こんな小さな心がけが，将来役に立つはずです。

閑話休題。さて，この微分方程式で重要なのは，時間が十分たったとき，装置の圧力を表していることです。皆さんは真空装置を3日も続けて引くと圧力が全然下がらなくなることを経験されていることと思います。圧力が全然下がらないということは，圧力の時間変化がないということです。式で表せば，$dP/dt=0$ ですね。これを微分方程式に入れてみましょう。$0=-(S/V)P_\infty+Q/V$ となります。なお，十分時間がたったということを強調するため，P に添え字 ∞ を付けました。例題 4.4 の最初に「Q はリークと，装置内壁からのガス放出を合わせたものである」ということをお話ししました。はっきりさせるために，Q を，リークによる分 Q_L とガス放出による分 Q_0 により

$$Q = Q_L + Q_0$$

と表し，上の式に代入します。すると

$$0 = -\frac{S}{V}P_\infty + \frac{Q_L+Q_0}{V}$$

となります。式を整理すれば

[†] もし，解を知りたい方は，本書のブックガイドに載せました堀越先生の『真空技術』という本をご覧ください。

$$P_\infty = \frac{Q_L + Q_0}{S}$$

となります。これが装置の到達圧力を表す式です。この式から，装置の到達圧力を下げるための指針として，①リークをなくす，②内壁からのガス放出量を減らす，③ポンプの排気速度を上げる，がわかります。

ここで，①は言うまでもないでしょう。②は大切なのであと回しにします。③は，よほど基本設計のひどい装置でないかぎり，ポンプを付け替えて排気速度を大幅にアップすることは困難です。「真空ポンプ」(1章の例題1.1) でお話ししたとおりです。

「② 内壁からのガスの放出量を減らす」は重要で，かつ到達圧力を下げるのに最も効果があります。少しくわしくお話ししましょう。出てくるガスの源を，（ⅰ）真空容器の材料内部に溶け込んだガス，（ⅱ）真空容器の表面に吸着したガスの層に分けて考えてみましょう。

（ⅰ）　真空容器の材料内部に溶け込んだガス

ここで，真空容器とは「真空に曝される部分」と拡大解釈してください。肉眼では緻密に見える材料でも，じつは気体分子にとっては，すかすかだったり，居心地のよい場所だったりします。肉眼での判断は禁物です。どんな材料がガスを出しやすいかは，本書ブックガイドの堀越先生の教科書にくわしく載っています。ぜひ参考にしてください。

言わずもがなですが，熱に弱い材料は，真空装置に入れないことです。熱で分解して思わぬ失敗をします。例えば，テフロンテープ。テフロン自体は比較的熱に対しても安定なので，あまり真空に関してうるさく言わない装置には使われます。でも問題は粘着材です。「真空装置用」とはっきり書かれていれば別ですが，ガス放出に関する保証はありません。

（ⅱ）　真空容器の表面に吸着したガス

装置を「道具」として使うことが皆さんの目的だと思います。（ⅰ）よりもこちらのほうが重要です。ある圧力のもとで表面に衝突する気体の分子数を，付録D.6の入射頻度の式で見積もってみます。すると，10^{-6} Torrの圧力におい

ても，1秒間で表面に顔を出している原子と同数の気体が表面に衝突することがわかります。

衝突した気体がすべて表面に吸着したらえらいことですが，ともかくある割合で表面に吸着するはずです。10^{-6} Torr でもそんなのですから，いわんや大気圧では，どうでしょう。

大気圧 ≒ 10^3 Torr とすると 10^{-9} 秒で，表面に顔を出している原子と同数の気体分子が表面に衝突します。大胆な見積もりですが，「装置の内壁が大気にさらされている時間を長くしてよいことはない。」と言えるでしょう。

真空装置を大気にさらしたとき，内壁に吸着するのは，すぐ前にお話しした気体分子だけではありません。装置を扱う人が源(みなもと)となるものもあります。例えば，人の汗や手の油は，いったん真空容器に付くと，じわじわとガスを放出し，ベーキングによってもなかなか除去できません。したがって，真空に携わる人は，「真空部品は素手で触らない」ということを肝に命ずるべきです。真空部品を取り付けたり，修理したりするときには，ポリエチレンかラテックスでできた，使い捨て手袋を必ず着用します。そして，二度使いは絶対してはいけません。念のために，断っておきますが，光学実験などで使う白い綿の手袋は手の油がにじみ出ますし，綿くずがリークの原因になりますので，使用は避けてください。もっと詳細な情報を得たい方は，本書ブックガイドの「すぐに解決したい問題がある人に」に載せました，中山勝矢 先生の『Q&A真空50問』の134ページをご覧ください。

［例題4.5 数値例の考え方］

これは，例題4.4の答えに数値を代入して描くだけですから，補足は要らないと思います。ここでは，圧力の減り方の大まかな傾向を知るためのグラフの描き方を紹介しましょう。片対数の方眼紙を用意してください。時間と圧力の目盛を振ります。グラフの右上にでも，排気速度，容器の容積など，グラフを描くのに必要なパラメータをメモしておきましょう。これで準備完了です。グラフはつぎの3stepで出来上がりです。**図4.11**に各ステップの絵を描いてお

4. $PV=nRT$

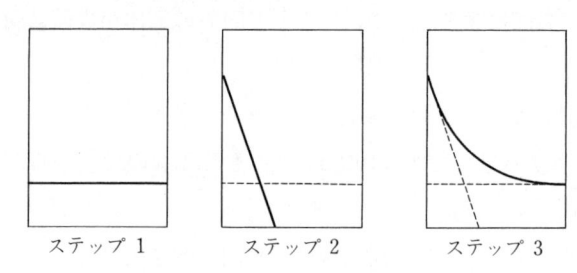

図 4.11 グラフ作成手順

きました。あと，大事な数字を書き出しておきます。

　　　真空容器の体積　$V=100\,l$　　　最初の圧力　$P_0=760\,\text{Torr}$

　　　ポンプの排気速度　$S=10\,l/s$　　リーク量　$Q=3\times10^{-5}\,\text{Torr}\cdot l/s$

(step 1)　例題 4.4 で得られた到達圧力 P_∞ の線を横軸いっぱいに引く。

(step 2)　例題 4.3 で得られた P の時間依存性の曲線を描く。

(step 3)　step 1, 2 で描いた線に，$t=0$ と $t=\infty$ で接するような滑らかな曲線を引く。出来上がり。

ずいぶん乱暴なようですが，この問題の意図は，真空排気を行う場合，初期の圧力の減り方が S/V に比例し，到達圧力が Q/S であること。この二点を知っていただくことです。だから，これで十分です。

問題を解く前にお聞きした，「試料をセットしてから蒸着を始めるまでの時間を短縮するのに効果的な方法は？」という問いの答えを示しましょう。

[**方策 1**]　装置のなかに鉄の固まりを入れ，ポンプが排気しなければいけない気体の量を少なくする —— 効果はほとんどありません。装置のなかに鉄の固まりを入れれば，確かに排気しなければいけない気体の量は少なくなります。でも，窒素，酸素，希ガスといった気体は，何もこんなことをしなくても，排気の初期の段階であっという間に排気されてしまいます。排気時間を長引かせている原因はそういう「性質の良い」気体ではなく，真空容器の内壁に吸着している水蒸気などです（設問に出てきた Q）。鉄の固まりを入れた分，容器のなかの表面積が多くなるので，かえって逆効果を招く場合があります。

[**方策2**] ポンプを排気速度の大きな物と取り替える —— 何度も言っているように，投資が必要なわりには見返りは少ないです．確かにポンプの排気速度を大きくすれば，到達圧力は下がります．しかし，現在使っている装置のポンプを大きいものに代える場合，500万円投資して20％排気速度がアップすればいいほうです．それよりも Q を減らすのは投資が0でうまくやれば2桁くらい排気時間を短くすることができます．

[**方策3**] F1レースのタイヤの交換と同じくらいテキパキと短時間で試料をセットし排気を始める —— これが本命です．いままでのお話しから，装置の到達圧力を決めているのは，リークと装置内壁から放出されるガスです．このうち，特に重要なのは装置内壁から放出されるガスです．これを減らすには貴方の心がけ以外にはありません．下に，いくつかの方策をまとめます．

- **余分なものは装置に入れない** —— これについてはすでにお話ししました．
- **装置を大気圧に戻すのに 6 N 以上の高純度窒素ガスを使う** —— ただし，6 N といっても不純物の分圧はほぼ 10^{-3} Torr（$760 \times 10^{-6} = 7.6 \times 10^{-4}$ Torr）もあります．空気よりはよいといったところです．そして，パージガス（上の場合は高純度窒素）はつねに装置から出るようにしておく．つまり密閉にならない範囲で装置を陽圧にする．ただし，窒息だけはしないでください．「純窒素中では二呼吸で死ぬ」ことを覚えておいてください．
- **装置が空気に曝されている時間を極力短くする** —— そのために，短時間で済むよう準備万端のうえ作業を行う．真空排気を始めるまで時間がかかるようなら（著者は10分を目安としています），装置を真空に引いておく．
- **油は排気しにくい** —— だから，真空部品を扱うのに素手は厳禁．必ず真空専用手袋を使うこと（綿手袋は不可，ラテックス，サクラメン良好）

自慢になりますが，著者はこの考えを徹底して，大気圧から 10^{-9} Torr 台まで，10分以内に達する超高真空アニール炉を現実につくっています．うそで

はありません。いかに早く引くかは，要は皆さんの心がけ次第です。

　つぎの5章でお話しする平衡蒸気圧という概念は，たいへん重要で，これが目に見えるようになればもう真空技術をマスターしたも同然です。先に言い訳をしておくと，本当に平衡蒸気圧の意味を知るには「化学熱力学」を勉強する必要があります。でも，「化学熱力学」に深く入り込むのは，この本の趣旨に反します。そのため，5章では，結果が天下り的に示される場合があります。でも，皆さんが安心して式を使えるように，大前提だけははっきりと明示するように心がけました。ご安心ください。

5 平衡蒸気圧

真空技術をモノにするなら平衡蒸気圧のマスターと言われるくらい，平衡蒸気圧は重要な概念です。ただ，皆さんの目的は，装置を道具として使いこなすことが目的ですので，その出所をあまり詮索せず，平衡蒸気圧の上手な使い方に焦点を絞ってお話ししましょう。

まず，「平衡蒸気圧」の重要性を知っていただくために，「平衡蒸気圧」にかかわりのある事項を箇条書きしてみます。

- 真空ポンプの到達圧力
- 真空蒸着するときの原料の加熱温度
- CVD 法による薄膜作成
- ……

書き出せば，限がないのでやめますが，これだけでも皆さんには無関係でないことが，おわかりいただけたと思います。少し補足をしておくと，最初のポンプの到達圧力とは，ポンプによって決まる到達できる圧力のことです。ポンプのカタログに書いてある「到達圧力」のことです。真空装置の到達圧力ではありません。

CVD とは，薄膜作成の一手段です。この方法は薄膜の原料に化合物を使うことが特徴です。例えば，GaAs（ガリウムヒ素）という化合物半導体結晶をCVD 法で成長するときに，AsH_3（アルシン），$(CH_3)_3Ga$（トリメチルガリウム）などを原料として使います。標準状態で，アルシンは気体，トリメチルガリウムは液体です。

半導体デバイスとして使えるくらい良質の結晶を成長させるには，これらの原料の反応炉への供給量を精密に制御する必要があります。アルシンは気体ですので，マスフローコントローラ（後述）で制御できますが，トリメチルガリ

ウムは液体で,しかも気化しやすいので「るつぼで加熱…」というわけには,いきません。ひと工夫必要です。お待たせしました,このときに「平衡蒸気圧」の概念が不可欠になるのです。

5.1 平衡状態と定常状態

平衡蒸気圧とは,よく使う言葉のわりに理解しにくい概念です。最初に,平衡蒸気圧のイメージを浮き彫りにするため,真空蒸着装置の電離真空計に表示される圧力と比較してみましょう。

5.1.1 平衡蒸気圧

まず,平衡蒸気圧を云々する場合,液体と気体,あるいは固体と気体といったように,必ず気相のほかに他の相が存在しなければなりません。そして,それらの相は平衡状態でなければなりません。平衡とは,砕いて言えば「バランス」です。例えば,ある物質Aの平衡蒸気圧とは,図5.1のような状態のときの圧力を言います。

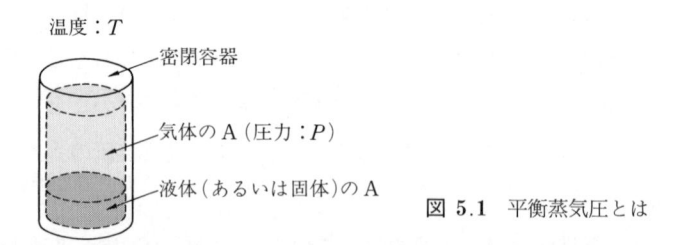

温度:T
密閉容器
気体のA(圧力:P)
液体(あるいは固体)のA

図5.1 平衡蒸気圧とは

温度Tがどこでも一定に保たれた密閉容器のなかに,液体(または固体)のAと気体のAだけがあります。しかも,液体(または固体)の蒸発する速さと,気体の凝縮する速さのバランスがとれています(平衡状態)。この状態で気体Aの示す圧力Pが平衡蒸気圧です。ハンドブックなどに載っている「蒸気圧曲線」などはこのような状況の値です。

かなり浮世離れした状態のようですが,私たちの身の回りを探してみると,結構あります。例えば,使い捨てライター。使い捨てライターのなかに何か液

体が入っているでしょう。あれは液化ブタンです。一方，空間の部分はブタンガスです。液相と，気相が共存し，しかも液化ブタンの蒸発する速さと，ブタンガスの凝縮する速さが釣り合っています。したがって，使い捨てライターの内側にかかっている圧力はブタンの平衡蒸気圧です。

5.1.2 真空装置の圧力

　一方，真空蒸着装置の排気を進めていくと，いくら時間をかけても圧力が下がらなくなります。このとき，真空計の示している圧力は「何かの」平衡蒸気圧なのでしょうか。答えを先に言えば，平衡蒸気圧ではありません。電離真空計の示しているのは，真空蒸着装置の残留ガスの圧力ですが，その残留ガスが液化（あるいは固化）したものは見当たりません。つまり，相の共存という条件は満たされません。

　それでも，「残留ガスの液化したものが目に見えないだけだ」と考える人がいるかもしれません。もし，真空蒸着装置のなかで残留ガスが「平衡状態」になっていれば，気相から液相に飛び出し，液相から気相に飛び込む単位時間当りに数が等しくなっているはずです。つまり，ポンプによる排気を停止しても電離真空計の指示値は変わらないはずです。

　排気を停止してみてください。圧力の指示値はウナギ上りに上がっていくはずです。このことから，真空蒸着装置の電離真空計の指示値が一定になっていたのは，装置の内壁から放出されるガスの量と，ポンプの排気するガスの量が釣り合っていたためであることがわかります。このように，物質などが，ある決まった方向に同じ速さで移動する状態は平衡状態とは言いません。定常状態と呼びます。

　ここでまた「定常状態」という名前が出てきました。平衡状態との関係を「仕事」に例えてまとめておきます。状況は，上司と部下がいて上司は仕事を部下に与えます。それぞれの抱えている仕事の数は机の上に積み上げられた書類の厚さから，第三者にわかるようになっています。

　[**平衡状態**]　上司が与えた仕事に対して，部下はちらと目を通すだけで「こ

んなことやる必要ありません」と言って上司に突き返します。上司はそれでも執拗に「この仕事をまとめろ」と言って部下に仕事を押し付けます。この繰返しです。ある決まった時間に部下に与える仕事の数と，部下が突き返す仕事の数が等しければ，何も知らない第三者には，「上司」，「部下」もいつも同じ量の仕事を抱えているように思われるでしょう。このとき，書類（仕事）は上司と部下の間を行き来するだけです。

[**定常状態**] 上司が与えた仕事に対して，部下は従順にこなし，さらに仕事を別の部署に流します。仕事がはかどるので，上司はさらに他の部署から仕事を引き受けてきます。部下がこなした仕事の分だけ上司が他の部署から新たに仕事を引き受けた場合，第三者から見れば，「上司」，「部下」の机の上に積まれている書類の厚さは変わりません。平衡状態と同じに見えるでしょう。このとき，書類は「平衡状態」と違い，上司から部下への一方向に流れています。

このように，ちょっと見ただけでは「平衡常態」か「定常状態」かの区別は難しいものです。でも，考えている対象について，物やエネルギーの流れに着目すれば比較的簡単に区別することができます。話しが，少し脇にそれましたが，平衡蒸気圧をモノにするには，身の回りに平衡蒸気圧を示すものがないか「鵜の目，鷹の目」で探し回ることです。探すときのポイントは，「気体のほかに液体（あるいは固体）が共存すること」，「考えている空間のなかで気体と液体（あるいは固体）がバランスしていること」です。

5.2 平衡蒸気圧を使う

「平衡蒸気圧の値はハンドブックに載っているからその値を使いなさい」と言われて，「はい，そうですか」で済む皆さんではないと思います。いや，済んでもらっては困ります。そんな人には危なくて装置を任せることはできません。真空技術に限らず，つねに物理的イメージを描きながら行動をとることは基本中の基本です。

さて，ひと口に「平衡蒸気圧」と言っても，物質に固有ですし，物質の置かれた環境によっても変化します。そう言われると，覚えることがたくさんあり

そうで，言い知れぬ不安を感じる方が多いと思います。でも大丈夫。ある規則に従っているので，それさえ覚えれば，さまざまな状況に対処していけます。問題を解くことによって，平衡蒸気圧のイメージを身につけていきましょう。

先に「平衡蒸気圧」が問題となるのは，「気相と他の相（例えば液相）が共存するとき」ということをお話ししました。実際問題として，「他の相」が1種類の物質だけで占められるとは限りません。例えば「他の相」が水（H_2O）だけの場合だけでなく，食塩水（H_2O に NaCl がある割合で溶け込んだもの）の場合もあるでしょう。そこで，この本ではつぎのように分けてお話ししたいと思います。

・他の相が1種類の物質からなる場合
・他の相がよく溶け合う複数の物質からなる場合

あと，このような分類をすれば，「他の相が溶け合わない複数の相からなる場合」も考えられます。この問題は皆さんへの宿題としましょう。

必要になったときは，本書巻末「ブックガイド」の化学熱力学の本にくわしく書かれていますので，そちらをご覧ください。

これからの流れとして，基本中の基本である「他の相が1種類の物質からなる場合」について，平衡蒸気圧が環境によりどのように変化するかをお話しします。つぎに，一般論で済ませないために，いくつかの問題を考えます。最後に，「他の相がよく溶け合う複数からなる場合」についてお話しします。

5.2.1 他の相が1種類の物質からなる場合

イメージがわかない方は，使い捨てライター（なかの液体が透けて見えるもの）を買ってください。ライターの空間は「ブタンガス」で満たされています。そして，「他の相（液相）」は「液化ブタン」だけからなります。

平衡蒸気圧が温度の関数であることはすんなり理解できると思います。では，容器の大きさ，時間，外部からの圧力によってどう変わるでしょうか。ここでは，平衡蒸気圧が物質の置かれた環境によってどう変わるかをまとめてみます。

5. 平衡蒸気圧

〔1〕 平衡蒸気圧の温度による変化

　直感的には，温度が上がれば，平衡蒸気圧も高くなりそうです。事実そのとおりです。ただ，先にお話しした $PV=nRT$ のように，（絶対）温度に比例する，とはまいりません。$PV=nRT$ は容器のなかに気体だけある場合の式，いま考えているのは，気体のほかに液体（または固体）もある場合です。天下りになりますが，平衡蒸気圧 P_e は（絶対）温度 T に対し，「実用的には」

$$P_e = C\exp\left(-\frac{D}{T}\right) \qquad C,\ D\ は定数$$

のように変化します。実用的という意味は「厳密ではないが，致命的な間違いは犯さない」ということです。上の式は，熱力学から導かれる厳密な式のうち，寄与の少ない項を無視したものです。厳密な式のほうがご利益がありそうですが，実際問題を考えてみると，計算が煩雑なわりには見返りが少ないので，上の式で十分です。上の式を使いやすいように少し変形しておきましょう。

$$P_e = C\exp\left(-\frac{D}{T}\right) \qquad C,\ D\ は定数$$

の両辺の自然対数をとります。

$$\ln(P_e) = \ln\left\{C\exp\left(-\frac{D}{T}\right)\right\} = \ln(C) + \ln\left\{\exp\left(-\frac{D}{T}\right)\right\}$$

$$= \ln(C) - D\frac{1}{T}$$

　ここで，$C,\ D$ は定数ですから，平衡蒸気圧の自然対数をとったものは，絶対温度 T の逆数に比例します。もっと平たく言えば，片対数方眼紙で，目盛が均等に打たれているほうに絶対温度の逆数†を，目盛が対数的に打たれているほうに平衡蒸気圧をプロットすれば直線になるということです。使い方は追ってお話しします。

---

†　ふつうは，見やすくするために1000を絶対温度で割った値を書きます。

〔2〕 容器の容積による平衡蒸気圧の変化

　容器のなかに気体だけある場合には，容積を半分にすれば，圧力は2倍に，容積を倍にすれば，圧力は半分になりました．つまり圧力は容積に反比例します．ところが，気体のほかに，液体（または固体）があると状況はがらりと変わります．温度が一定の場合，容器の容積を変えても平衡蒸気圧は変わりません．つまり，図5.2のようになるということです．

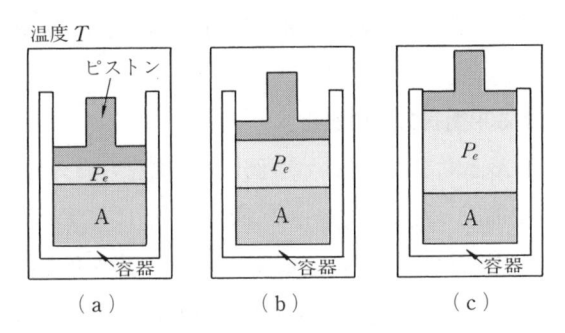

温度 T

（a）　　　（b）　　　（c）

容器のなかに液相または固相のAとその蒸気だけがある場合，ピストンを上下させてもAの平衡蒸気圧 P_e は変化しない．

図 5.2　容積が変わっても平衡蒸気圧は変わらない

　うそを言っているわけではありません．例えば最初，図5.2で一番左の状態（a）にあったとします．つぎにピストンを，ひと息に引っ張って，一番右の状態（c）にします．引っ張った最初の瞬間は，確かに，なかの圧力は平衡蒸気圧よりも下がります．でも，時間がたてば，空間の部分の圧力は平衡蒸気圧に戻ります．この原因を，液体と気体の境の部分に注目して考えてみます．

　液体の表面近くの一つの分子に着目します．液体から物質が蒸発するということは，周りの分子とのしがらみを切って飛び出すことです．人間でもそうですが，活気のある人ほど外に飛び出しやすいでしょう．若い人が都会に出たがるのと同じです．分子の場合の活気は，熱運動の激しさ，つまり温度です．いまの場合，温度は一定に保たれているので，ピストンを引く前（a）と後（c）では，分子の飛び出しやすさは変わりません．

　今度は気体のほうに目を向けると，気体が液体に飛び込む頻度は気体の密度

に比例すると考えるのが順当でしょう。ですから，ピストンを引っ張った直後は液体に飛び込む頻度は減ります。

このままの状態が続くとどうなるか。そうです，液体から気体に飛び出す頻度が高く，気体から液体に飛び込む頻度が少ないので，時間がたてば，気体の密度が高まり，やがてはバランスがとれます。どこでバランスがとれるかというと，液体が気体になる頻度と，気体が液体になる頻度が等しくなった点です。つまり，容積を変えても容器のなかの圧力は平衡蒸気圧に落ち着くということです。

〔3〕 **圧力による平衡蒸気圧の変化**

タイトルの言わんとすることを，水を例にとって言い換えれば，「水を，水に溶けないガスで加圧したときに，水の平衡蒸気圧はどう変化するか？」です。流し読みすると混乱するので，ここはじっくりと腰を落ち着けて読んでください。図5.3を使ってもう一度タイトルの言わんとすることを説明をします。

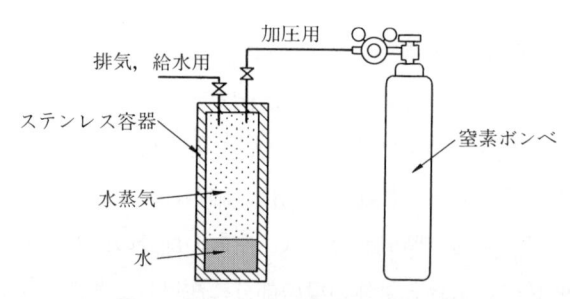

図 5.3 圧力による平衡蒸気圧の変化

丈夫なステンレスの容器を真空に排気した後に，よく脱気した水を適量注入します。すると，ステンレスの容器のなかには水と水蒸気だけがあるはずです。このとき，ステンレス容器のなかの圧力を測れば，その温度での水の平衡蒸気圧を示すはずです。ここまでは，これまでお話しした状況そのものです。違うのはこれからです。さて，このようにして準備したステンレス容器に窒素ガスを充てんしていきます。窒素ガスは水にほとんど溶けませんので，窒素を

充てんすることにより水に圧力がかかっていきます。「圧力による平衡蒸気圧の変化」とは，このように水（液体）に圧力をかけると，空間を満たしている水蒸気（気体）の分圧がどう変わるか？　ということです。

状況を把握できたでしょうか？　ちょっと意外かもしれませんが

水の平衡蒸気圧は，ほとんど圧力に依存しません。

厳密に言えば，ほんのわずかに上がるのですが，圧力をかけないときの平衡蒸気圧の値を使っても，致命傷は負いません。このような現象は，つぎの場合を除いて成り立ちます。

① 液体（または固体）の体積が圧力をかけると何割も変わる

② 加圧に使った気体が液体によく溶け込む

まず，①に該当する物質は，実際にはほとんど出会うことはありません。問題は②で，これはアンモニアガスと水，臭素とアルコールなどあります。これは，5.2.2項の「気相以外の相が，よく混ざり合う複数の物質より成り立っている場合」でお話ししたいと思います。

〔4〕 **時間による平衡蒸気圧の変化**

真空の教科書や，化学熱力学の教科書ではふれられていませんが，バランスが崩れてから，平衡状態に戻る場合には，有限の時間がかかるということを頭に入れておいてください。このことは，すぐ前にお話しした「容積による平衡蒸気圧の変化」で容積を変えてから，平衡蒸気圧に復帰する過程を考えれば，納得していただけると思います。

以上をまとめますと**表 5.1**のようになります。これが平衡蒸気圧の問題を考えるときの基本です。あと，言わずもがなのことですが，平衡蒸気圧など「熱

表 5.1　他の相が1種類の物質からなる場合

変化するもの	平衡蒸気圧 P_e の変化	注意点
温　度	$\ln(P_e) = a - b \dfrac{1}{T}$ (a, b は定数，T は絶対温度)	左の式は実用に耐える近似式
容　積	厳密に不変	
圧　力	近似的に不変	
時　間	有限の時間がかかる	

5. 平衡蒸気圧

平衡」の問題を扱うときは，注目している領域の温度は同一でなければいけません。

こんなときに使おう

ここで，「他の相が1種類の物質からなる場合」の平衡蒸気圧のイメージを明確にするために，いくつか問題を考えてみましょう。あらかじめ問題のタイトルをまとめておきます（**表5.2**）。

表 5.2 平衡蒸気圧を使う場面

番号	分　野	目　　的
（1）	真空蒸着，MBE	成膜速度の制御
（2）	CVD	原料を詰めたシリンダから反応炉への原料輸送
（3）	ガスボンベの扱い	ガスの純度を保つため
（4）	ポンプ活用	水蒸気など凝縮性ガスの排気

（1） 成膜速度の制御（真空蒸着，MBE） 真空蒸着やMBE法では，原料をるつぼで加熱して，その蒸気を基板につけることで成膜します。るつぼで加熱された原料は，一方的に空間に飛び出していくだけで，空間からるつぼに戻ってくる原料はほとんどなさそうです。定常状態であっても，平衡状態と言えそうもありません。

しかし，ある仮定を認めてやれば，るつぼからの蒸発の問題も平衡状態の一部として扱うことができます。そして，成膜速度の予測が可能となります。仮定を説明するための図を**図5.4**に示します。

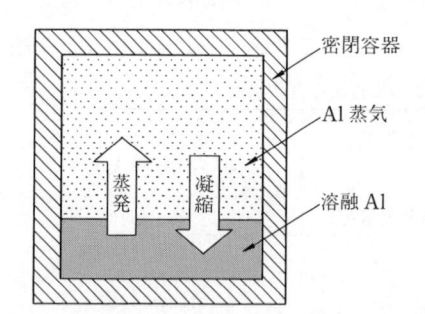

ある仮定：蒸発は凝縮に影響を与えない。
　　　　　凝縮は蒸発に影響を与えない。

図 5.4 ある仮定

5.2 平衡蒸気圧を使う

　密閉できる耐熱容器に金属（以後原料と呼びます）を入れて，つぎに排気をします。つぎに耐熱容器全体を原料の平衡蒸気圧が 10^{-3} Torr になるまで加熱してやります。原料が Al ならば約 1 100 ℃，As（ヒ素）ならば約 270℃です。容器に入れた原料の量が極端に少なくないかぎり，容器全体の温度が一定になった状態では，原料から蒸発する原子数と凝縮する原子数のバランスがとれるはずです。つまり平衡状態が達成されます。このとき，「原子の凝縮は蒸発になんら影響を与えない」という仮定を立ててやります。もしこの仮定が成り立つならば，原料に凝縮する原子がほとんどなくても，蒸発速度は変わらないことになります。

　ここまでお話しすれば，状況は真空蒸着しているとき，るつぼのなかで蒸発している原料にそっくりであることがわかります。先の「原子の凝縮は蒸発になんら影響を与えない」という仮定をすぐに「真である」と証明することは困難ですが，実際，多くの「元素」について実験事実は「見当外れではない」という答えを出しています。

　前置きが長くなりましたが，じつを言いますと，付録 D.6 に載せました「入射頻度，蒸発量 J」の式は，上の仮定を使って導き出した式なのです。この式の導出は後で行うとして，ここでは真空蒸着をするときの成長速度を，るつぼ温度から予測する方法をお話しします（もちろん「高級な」真空蒸着法である「MBE」にも適応できます）。

　最初にこの方法ができる場合，できない場合をはっきりさせておきます。

[**適応できる場合**]

・原料は元素（つまり周期律表に載っているもの）であること。

・蒸着装置が，るつぼ温度の測定をできるようになっていること。

[**適応できない場合**]

・化合物の原料

・原料が合金の場合（のちほどお話しします）

・原料が元素であっても基板温度が高く，基板からの原料の再蒸発が無視できない場合

5. 平衡蒸気圧

基本とする考えは，先にお話ししました平衡蒸気圧の温度依存性の式です。定数項を a, b として下に書きました。

$$\ln(P_e) = a - b\frac{1}{T}$$

上の式を成膜の制御に役立てる方法を，順を追ってまとめます。

① 原料一つにつき片対数方眼紙1枚を用意する。

② 片対数方眼紙で均等に目盛が打ってあるほうを横軸にとる。

③ 縦軸には，成膜速度，原料の蒸発圧力（正確には流束，フラックス），キャリア濃度[†]など測定できる量をとる。

④ 横軸には1000をるつぼ温度の絶対値で割った値で目盛る。例えば，予備実験でるつぼ温度を変化させる範囲が 800～1000℃ の範囲であることがわかっているとします。すると $1000÷(800+273)=0.932$, $1000÷(1000+273)=0.786$ です。つまり，グラフ用紙に 0.786 から 0.932 がきれいに収まるように目盛を等間隔で振ってやるのです。

これで，準備は完了です。ただ，著者からひと言，言わせてもらえば，コンピュータは使わないで，面倒でも手書きしてください。なにも，コンピュータを目の敵(かたき)にしているのではありません。つくったグラフを道具として使いこなすには，方眼紙に手書きしたものが，はるかに使い勝手がよいからです。

コツは，こまめにプロットしておくことです。ともかくデータ数を増やすことです。そうすると，温度との相関関係がくっきりと現れてきます。1割，2割のばらつきはあります。なにしろ「原料とるつぼは完全に同じ温度」という仮定が入っているのですから。このグラフは，データの数が多いほど価値があります。2個や3個でデータをとるのをやめないでください。

これらのデータから，所望の成長速度やキャリア濃度を実現するのに必要なるつぼ温度が推定できることの説明は要らないと思います。重要なのは，直線から大きく外れたところにデータがきた場合です。そのときは皆と納得がいく

[†] MBEなどで半導体に不純物を添加した場合です。

まで原因を話し合ってください。そして考えてください。新しい現象の発見かもしれませんし，あるいは単なるポカミスか，装置が壊れかけているのかもしれません。

かつて著者の上司だった人がこんなことを言っていました「グラフを書くとき，2点でもよしとするのは素人，3点をエイヤッと結ぶのは学生，4点を疑いなく結ぶのは駆け出し，5点を恐る恐る結ぶのが議論のできる人」，この言葉で結ばせてもらいます。

（2） 原料を詰めたシリンダから反応炉への原料輸送　　薄膜を形成する方法の一つに，CVD法があります。真空蒸着やスパッタ装置において原料は真空容器のなかに置かれます。一方，CVD法では原料は反応炉†の外に置かれ，配管で反応炉に導かれます。そして一番大きな違いは，真空蒸着やスパッタが原料を蒸発させ，その蒸気を基板に付けるのに対し，CVD法では原料と表面の反応により薄膜が生成されていきます。どちらの方法が優れているかということは「お父さんとお母さんとどっちが好きだ？」と言うようなものです。いい膜ができるほうを使ってください。

さて，話しをCVD法に戻しますと，原料は配管で反応炉まで導かれます。原料がボンベに充てんされたガスの場合，反応炉に供給すべき原料の流量はマスフローコントローラなどで精密に制御できます。原料が固体，あるいは液体の場合は「バブリング」という方法をとります。原料が液体の場合を例にとってバブリングの説明いたします。図5.5をご覧ください。

原料は図のような容器に充てんされて市販されています。容器はステンレス製が多いのですが，なかにはガラス製のものもあります。容器は形が似ていることから「シリンダ」と呼ばれます。この本でもそう呼びましょう。シリンダには三つの口が付いていまして，一つは原料の充てん用，一つはキャリアガス導入用，残りの一つは原料の取出し用です。これら三つの口はシリンダ内で図のようになっています。

---

†　（真空容器と同じですが），CVDをやっている人は反応炉あるいはリアクタと呼びます。

5. 平衡蒸気圧

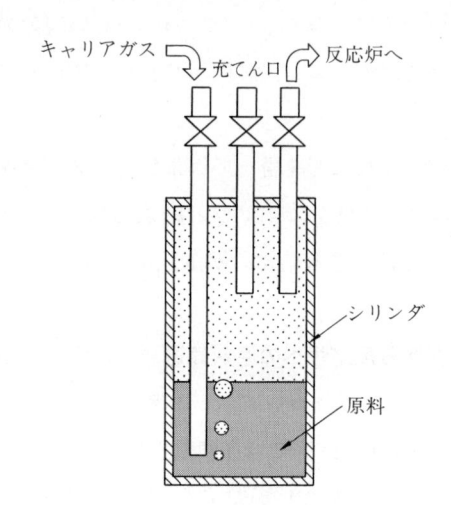

図 5.5 バブリング

「バブリング」はキャリアガスにより液体原料が「泡立てる」に由来した呼び名です。なお、用途や充てん法の違いにより、容器に付いている口数は一つまたは二つの場合もあります。

キャリアガスという言葉が出てきましたが、これは原料を反応炉まで「運ぶ」という意味で付けられました。キャリアガスと原料が反応してもらっては都合が悪いので、キャリアガスには窒素などの不活性な気体がよく用いられます。ただ、ガスの組成で流れや、温度分布が変わりますので、詳細は企業秘密になっています。

原料が固体の場合もまったく同じです。ここでは、反応炉にバブリングにより水蒸気を供給する場合を例にとって、水蒸気の供給量とキャリアガスの関係をお話しします。

これから問題を考えていきますが、よく誤解される用語がいくつか出てきますので先に説明しておきます。説明する用語は「マスフローコントローラ」と「sccm」です（マスフローコントローラや sccm の定義について完璧に知っている方は 141 ページに進んでください）。

5.2 平衡蒸気圧を使う

[**マスフローコントローラについて**]

　ガスの流量を制御するのに，マスフローコントローラがよく使われます。真空装置に携わった経験の少ない方のなかに，マスフローコントローラは単位時間に流れる気体の「体積」を制御するものだと思い込んでいらっしゃる方があります。誤解の原因はただ一つ「気体の分子数は体積だけでは量を規定できない」ということを忘れています。いや，頭では理解していても，何 cc/分 などの表示を見ると，日ごろの経験から「決まった量の気体が供給されているのだな」と，つい安心してしまうところに落とし穴があるようです。

　$PV = nRT$ を思い出してください。気体の体積 V は

$$V = \frac{nRT}{P}$$

と表されましたね。気体定数 R は，読んで字のごとく定数です。n は気体のモル数ですが，ここでは一定としましょう。上の式から，一定量の気体でも，その体積は絶対温度 T に比例し，圧力に反比例することがわかります。例えば，1 mol の気体は 25℃ 1 気圧（760 Torr）では 24.8 l の体積を占めますが，圧力が 1×10^{-6} Torr では

$$24.8 \times \frac{760}{1 \times 10^{-6}} [l] = 18.8 \times 10^6 [\text{m}^3]$$

この体積を，立方体で考えれば一辺が 266 m となります。

　本題に入りましょう。マスフローコントローラで使われている単位は，一般に sccm（エスシーシーエム）あるいは slm（エスエルエム）です。先輩から「s は標準（standard）の状態を表し，ccm は cc/分 の略，だから標準の状態で1分間に流れる気体の体̇積̇を表したものだ」と教えられたかもしれません[†]。

　この説明が悪いようです。直観的にはそうなのですが，正確には「… 標準の状態で1分間に流れる気体分子の数に対応したものだ」です。体積ではなく「分子の数」です。ですから，マスフローコントローラを 500 sccm に設定したからといって，マスフローコントローラ下流の配管を毎分 500 cc の気体が流

---

　† slm の l（エル）は l を表すので，上の例にならえば lm は l/分 の略です。

5. 平衡蒸気圧

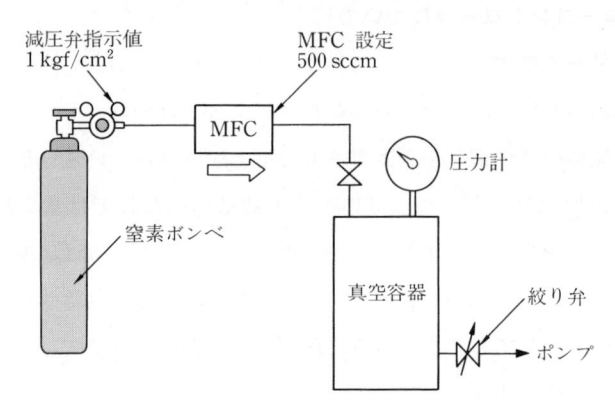

図 5.6 マスフローコントローラ（MFC）の働き

れているとは限りません。**図 5.6** を見てください。

マスフローコントローラの上流には窒素ガスボンベがつながれていて，減圧弁（レギュレータ）でマスフローコントローラにかかる圧力が $1\,\mathrm{kgf/cm^2}$ に調整されています。レギュレータの圧力表示は一般に大気圧を基準（ $\overset{\text{ゼロ}}{0}$ ）として表示しますので，実際にマスフローコントローラにかかっている圧力は，（大気圧 $+1\,\mathrm{kgf/cm^2}$），大気圧を $760\,\mathrm{Torr}$ とすると約 $760\times2=1\,520\,\mathrm{Torr}$ の圧力がかかっています。ここで，マスフローコントローラの設定を $500\,\mathrm{sccm}$ としたとき，マスフローコントローラから毎分流れ出すガスの体積を，実験室の全体が $25\,°\mathrm{C}$ に保たれているとして，計算してみましょう。

まず，マスフローコントローラの出口側の圧力が $1\,\mathrm{Torr}$ と $760\,\mathrm{Torr}$ 二つの場合を考えましょう。$500\,\mathrm{sccm}$ とは標準の状態†で毎分 $500\,\mathrm{cc}$ の気体が流れたとき，移動する気体分子の数（量）を表しています。標準の状態を $0\,°\mathrm{C}$, 1気圧とすると，$500\,\mathrm{cc}$ に含まれる気体分子の mol 数 n_{500} は，気体の状態方程式より（P：圧力，V：体積，R：気体定数，T：絶対温度）

---

† ややこしいことに，実験データを公表するときの「標準」状態は二つあります。一つは標準温度・圧力でこれは $0\,°\mathrm{C}$, 1気圧です。もう一つは，標準環境温度・圧力で $25\,°\mathrm{C}$, $1\,\mathrm{bar}$（ほぼ1気圧，$1.013\,\mathrm{bar}=1$ 気圧）です。どちらの「標準」によって装置が校正されているかによって約1割の差が生じますので，注意が必要です。

5.2 平衡蒸気圧を使う

$$n_{500} = \frac{PV}{RT} = \frac{760 \text{[Torr]} \times 0.5 \text{[}l\text{]}}{R \times 273 \text{[K]}} \text{[mol]}$$

です。つまり，500 sccm とは，0°C，1 気圧のもとで毎分 n_{500} [mol] の気体分子が移動するという意味なのです。

言い換えれば，マスフローコントローラが正常に働いていれば[†]，下流の圧力が 10^{-6} Torr だろうが，1 Torr だろうが，800 Torr だろうが，マスフローコントローラから供給される分子の数は，先に計算した n_{500} だということです。温度に関しても同じです。

念のため，マスフローコントローラの下流が，25°C，1 Torr に保たれているとき，n_{500} に相当する気体の体積 $V_{25,1}$ を計算してみましょう。気体の状態方程式を使えば，$T = 273 + 25$，$P = 1.0$ として

$$V_{25,1} = (n_{500}) \times \frac{R \times T}{P}$$

$$= \left(\frac{760 \text{[Torr]} \times 0.5 \text{[}l\text{]}}{R \times 273 \text{[K]}} \right) \times \frac{R \times (273 + 25) \text{[K]}}{1 \text{[Torr]}}$$

$$= \frac{760}{1} \times \frac{298}{273} \times 0.5 = 414.8 \text{ [}l\text{]}$$

なので，毎分およそ $4.1 \times 10^2 \, l$ の体積が移動することになります。同様にしてマスフローコントローラの下流が 25°C，760 Torr に保たれている場合，n_{500} に相当する気体の体積 $V_{25,760}$ は

$$V_{25,760} = \frac{760}{760} \times \frac{298}{273} \times 0.5 = 0.546 \text{ [}l\text{]} = 546 \text{ [cc]}$$

つまり毎分 546 cc の体積が移動することになります。マスフローコントローラは，つねに毎分 500 cc の気体を流すための装置ではありません。

よろしいでしょうか。マスフローコントローラとは，単位時間に移動する「体積」を制御するものではなく「気体分子の数」を制御するものです。設定

[†] マスフローコントローラの置かれた温度や，マスフローコントローラの上流にかかる圧力がメーカーで動作保証する範囲に入っているのは，壊さないために，当たり前です。注意していただきたいのは「マスフローコントローラの入口（上流）と出口（下流）での差圧が確保されているか？」です。入口の圧力が 1 気圧，出口の圧力が 2 気圧ではいくらマスフローコントローラでも制御のしようがありません。

値にsccmなど，体積に関係した量を使っているのは，「mol/分」と表示するよりは「cc/分つまりccm」のほうが親しみやすいからにすぎません。

[sccm について]

ここでは，先にお話しした，sccm と Torr l/s など流量を表す単位の関係をお話しいたします。

sccm　標準とする状態で1分間に流れる気体の体積（単位 cc＝1 cm³）で，「移動する分子の数」を表したものです。s/m という表示もあります。これは体積を l（1 000 cm³）で表したものです。詳細は前述の［マスフローコントローラについて］でお話ししましたので割愛させてもらいます。

注意すべき点としては，「何を標準としているか」ということです。もっと直接的に言えば，標準とする温度と圧力は何かということです。化学の分野では，何か報告するときに標準とする温度，圧力が決められていますが，一つではないので注意が必要です。つぎの二つがあります。

・標準温度・圧力（STP）：温度 0℃，圧力 1 気圧
・標準環境温度・圧力（SATP）：温度 298.15 K，圧力 1 bar（バール）

SATP で 0℃＝273.15 K ですから，298.15 K＝25℃，1 013 mb（ミリバール）が1気圧ですので，1 bar＝0.987 気圧です。ですから，実用上，SATPを温度 25℃，圧力 1 気圧としても，問題はないでしょう。皆さんに宿題です。皆さんの使われているマスフローコントローラは標準の状態を STP，SATPどちらにとっているでしょうか。調べてみてください。

Torr l/s　真空装置を設計したり，リークチェックするのにたいへん便利な単位です。例えばリークチェックで，リークレートが Q〔Torr l/s〕と表示されたとします。メインポンプの排気速度 S を使えば，この装置の到達圧力，つまりいくら頑張ってもこれ以上圧力が低くならないという圧力は，$Q \div S$ で求まります。詳細は1章の「真空領域とは」（本文5ページ）でお話ししたとおりです。

さて，単位の意味を考えてみましょう。Torr は圧力ですから，単位面積当

りの力。つまり「N/m²」に比例します。l は体積ですから,「m³」に比例した量。これらのことをもとにすると,Torr l/s の単位は「N/m²」×「m³」÷「s」=「N・m/s」=「J/s」=「W」となります。ここで,W は単位時間にする仕事つまり,仕事率を表す単位です。

つまり,sccm と同様,Torr l/s も気体の分子数を「ダイレクト」に表したものではありません。sccm と同じように,標準の状態を明示するのが親切でしょう。例えば,リーク量 Q が 1×10^{-6} Torr l/s とだけ言われても,温度がわからなければ,流入する気体分子の数 n_L は知ることができません。温度 T〔K（ケルビン）〕が明示されていれば,n_L は気体定数 R を用いて

$$n_L = Q \div (RT) \quad 〔\mathrm{mol/s}〕$$

から計算できます。

mol/s これは,読んで字のごとく,ずばり,単位時間に移動する気体分子数を表したものです。いままでよく出てきた,mol とは,ダースとかカートンなどと同じく,まとまった数を表す呼び方です。例えば,1 ダース＝12 個というように,1 mol＝6.02×10^{23} 個の分子（あるいは原子）を表します。したがって,2×10^{-6} mol/s といえば,$(2\times 10^{-6})\times 6.02\times 10^{23} = 1.2\times 10^{18}$ 個の気体分子が 1 秒間に移動することを表します。

これまでお話しした,「単位時間に移動する気体分子の数 n/t」を表す単位を**表 5.3** にまとめておきます。

表 5.3 流量を表す単位

単　位	（　）が n/t に比例	式による表現	記　号
sccm	(V/t) 単位時間に移動する体積	$(V/t) = \left\langle \dfrac{RT}{P} \right\rangle (n/t)$	V：体　積 P：圧　力 T：温　度
Torr l/s	(PV/t) 単位時間にする仕事,すなわち仕事率	$(PV/t) = \langle RT \rangle (n/t)$	R：気体定数 n：気体分子の数 t：時　間
mol/s	n/t そのもの	n/t	

表で「　/t」は「単位時間当りの」という意味です。また,式による表現のところで,（　）が n/t に比例するもの,〈　〉が定数とみなすものを表しま

す。

単位の換算 これまでのまとめとして，単位の相互関係をまとめてみましょう．相互の関係を表にすることは簡単ですが，それは皆さんにやっていただくことにして，ここではよく出会う場合を中心にお話しします．

1 sccm は何 mol/s ? 例えば，結晶成長をする場合には反応炉に供給した原料の何％が結晶成長に寄与したかを知りたい場合があります．そのときに使うのが「sccm から mol/s」への換算です．ここでは，マスフローコントローラを 1 sccm に設定したとき，マスフローコントローラの下流に単位時間当り移動する気体の分子数を求めましょう．ここでは，マスフローコントローラで，標準の温度・圧力が STP（0°C，1気圧）で規定されているとします．

まず，1 cc に含まれる気体の分子数 n_1 を求めます．気体の状態方程式に $P=1$ 気圧 $=760$ Torr，$V=1$ cc $=10^{-3}$ l，$T=0°C=273$ K，$R=62.4$ Torr $l/$(mol·K) を入れます．すると

$$n_1 = \frac{PV}{RT} = \frac{760 \times 1 \times 10^{-3}}{62.4 \times 273} = 4.46 \times 10^{-5} \text{[mol]}$$

n_1〔mol〕の気体分子が1分間に移動したものが 1 sccm です．mol/s は1秒当りの量を表したものですから，n_1 を 60 で割ってやります．

$$n_1 \div 60 = 7.43 \times 10^{-7} \text{[mol/s]}$$

以上をまとめると

1 sccm $=7.43 \times 10^{-7}$ mol/s （標準の状態を 0°C，1気圧として）

1 Torr l/s は何 sccm ? スパッタリング装置やガスソース MBE などの装置では，「真空装置」に故意にガスを導入します．新たに，成膜の条件を定めるとき，あるいは装置を改造するとき，「1 sccm は何 Torr l/s にあたるのか」を知っておくとたいへん役に立ちます．特に，装置を自分でつくったり改造したりする必要のあるガスソース MBE に威力を発揮します．が，皆さんにはあまりなじみがないと思いますので，ここではスパッタリング装置を例にとってお話しします．

スパッタをするとき，知りたいのはプラズマを立てるために必要なガスの導

5.2 平衡蒸気圧を使う

入量でしょう。データが蓄積されている装置では問題がないでしょうが，自分で装置をつくったり，改造したりする場合には，マスフローコントローラの購入にあたって流量範囲を指定する必要があります。指定を誤ると，プラズマが立たなかったり，プラズマが不安定になったり，痛い目にあいます。

プラズマの立て方によって最適な圧力がありますので，ここではよく使われるプレーナタイプのマグネトロンスパッタを例にとります。マグネトロンスパッタで薄膜を形成しているときの真空容器の圧力は，10^{-3} Torr 台のことが多いはずです。そこで，真空容器の圧力を薄膜作成時 3×10^{-3} Torr として，マスフローコントローラの選定をしてみます。

この章の最初に，「装置の到達圧力 P は導入するガスの量 Q〔Torr l/s〕とポンプの排気速度〔l/s〕がわかっていれば，$P = Q/S$〔Torr〕と計算できる」ということをお話ししました。この式を使います。ここで，P は成膜時の真空容器の圧力です。問題なのは，ポンプの排気速度 S です。S の値は装置に使っているポンプのカタログに載っていますが，実際の値はだいぶ小さくなっているのが普通です[†]。

実際の S の値を知るには，いくつか方法があります。一つは真空容器とポンプの間に入っている配管やバルブのコンダクタンスを計算し，カタログに載っているポンプの排気速度と合わせて実効的な排気速度を計算する方法です。計算法は1章の7ページに載せてあります。二つ目は，装置に一定量のガスを流したときの到達圧力から上の式を使って計算する方法です。三つ目はカタログに載っているポンプの排気速度の半分の値を実効的排気速度とする方法です。乱暴なようですが，小型の実験装置のときには一番手っ取り早い方法です。どの方法をとるかはお任せします。

さて，実効的な排気速度が $S = 100\, l$/s と求まったとして話しを進めます。

[†] 自動車の燃費と同じです。カタログに載っているポンプの排気速度はポンプ単体で測定したものです。でも貴方の使っている装置では，真空容器とポンプの間にバルブや配管が入ります。このバルブや配管が排気するときの抵抗として働くので，実際の排気速度はカタログに載っている値をだいぶ割り引いたものになります。実際の排気速度の見積もり方は本文の7ページをご覧ください。

薄膜を形成時のガスの導入量を Q_1，真空容器の圧力を P_1 とすると

$$Q_1 = S \times P_1 = 100 \, [l/s] \times 3 \times 10^{-3} \, [\text{Torr}] = 3 \times 10^{-1} \, [\text{Torr } l/s]$$

となります。

ガスの導入量が Torr l/s で求まりましたので，つぎにこれを sccm に換算してやります。今後の応用がきくよう，1 Torr l/s は何 sccm かを計算してみましょう。手順として，いきなり sccm にいかず，まず mol/s で考えましょう。というのは，何回も言いますように，sccm も Torr l/s も気体の量を表した単位ではありますが，mol/s のように「直接」表したものではありません。sccm は「標準の温度と圧力のもとでの体積」で，Torr l/s は「標準とした温度のもとでの仕事率」で気体の量を表現したものです。物理量は単位も考えず振り回すと大怪我をします。いちいち mol/s に戻るのは，皆さんに物理的意味を考えていただくためです。

実験室の温度を 25°C（=298 K）とします。1 l の空間に気体が充てんされて 1 Torr の圧力を示すとき，この空間にある気体の分子数 n は，気体の状態方程式 $PV=nRT$ から

$$n = \frac{PV}{RT} = \frac{1 \times 1}{62.4 \times 298} = 5.38 \times 10^{-5} \, [\text{mol}]$$

1 Torr l/s とは，これだけの気体分子が 1 秒間に移動することですから

$$1 \, \text{Torr } l/s = 5.38 \times 10^{-5} \, [\text{mol/s}] \quad (T=298 \, \text{K})$$

となります。

さて，0°C 1 気圧を標準の温度と圧力としマスフローコントローラでは 1 sccm=7.43×10^{-7} mol/s に相当することは前の項で示しました。これらの関係を使えば，実験室の温度 $T=298$ K のとき，1 Torr l/s に相当する sccm は

$$5.38 \times 10^{-5} \div 7.43 \times 10^{-7} = 72.4 \, \text{sccm}$$

となります。つまり

$$1 \, \text{Torr } l/s \fallingdotseq 72 \, \text{sccm} \quad (T=298 \, \text{K})$$

この関係を使えば，装置に導入するのに必要なガスの導入量は

成膜時：$Q_1 = 3 \times 10^{-1}$ Torr $l/s = 3 \times 10^{-1} \times 72 = 21.6$ sccm

と求まりました。この値がマスフローコントローラのフルスケールの最小値となります。つまり，フルスケール10 sccmや20 sccmのものは使えません。成膜時のガス流量がフルスケールの真中くらいに選ぶと，いろいろ実験できるので，50 sccmフルスケールのものを選べばよさそうです。

「マスフローコントローラについて」，「sccmについて」を読まれた皆さん，普段何気なく使っている装置や単位ですが，じつはそんな意味があったのかという感想を抱いたのではないですか？　さあ，もう貴方は「マスフローコントローラ」と「sccm」について，自分の頭で考えていける必要最小限の知識を身につけました。つぎの問題を考えてみてください。

反応炉に供給される水蒸気の量の制御

薄膜を形成する手段として，CVD法やガスソースMBE[†]が真空蒸着法に比べ優れている点の一つに，「気体や液体の原料を使える」があげられます。これらの原料の供給量は，先にお話しした，マスフローコントローラを使えば，簡単かつ精密に制御できます。そのため，原料の供給量の制御をるつぼの温度に頼っている真空蒸着では真似のできないような精密さで，化合物の組成が制御できます。

さて，気体原料を反応炉に送る方法については，説明の必要はないと思います。常温，常圧で液体の原料を反応炉に送るのには通常「バブリング」という方法を使います。ここでは，バブリングによって反応炉に送り込まれる原料の量が，周囲の条件によってどう変わるか，水蒸気を例にとって考えてみましょう。

反応炉に水蒸気を送るための装置構成を図5.7に示します。

水を入れる容器にはステンレス製のシリンダを使いました。シリンダに半分ほど水を入れます。この水を，図5.7に示したように窒素でバブリングします。説明の必要はないと思いますが，反応炉に運ばれる水蒸気の量はこの窒素

[†] ここでは，原料に固体以外のものを使うMBEあるいは真空蒸着法という意味で使っています。

5. 平衡蒸気圧

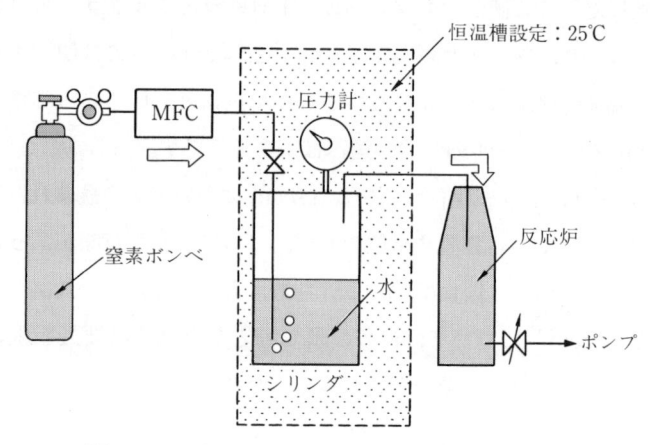

図 5.7 バブリングにより水蒸気を反応炉に供給する

の量に大きく依存しますので，窒素の流量制御にはマスフローコントローラを使っています。あと，水の平衡蒸気圧は温度によって大きく変わりますので，シリンダ全体を一定の温度に保っておきます。

　実験装置の概要をつかんでいただけたと思います。この問題で知りたいのは，反応炉に供給される水の分子の数が諸条件によってどう変わるかということです。つまり，水の分子の数をシリンダの圧力，温度，そしてシリンダに流している窒素ガスの流量の関数として表さなければなりません。「いきなり難しいことを言われても困る」と憤慨されても困りますので，まず，シリンダのなかの状態をイメージしてみましょう。

　まず，シリンダのなかに水を半分くらい入れます。つぎに，水を入れるときにシリンダのなかに入ってしまった空気をロータリポンプなどで排気します。シリンダの圧力がその温度における水の平衡蒸気圧になったら，シリンダのバルブを閉じてから排気を停止します。このときのシリンダのなかの様子は外から見ることができませんが，ちょうど使い捨てライターのなかのように，底に水が，その上の空間を水蒸気が満たしているはずです（図 5.8）。

　つぎに，このシリンダに窒素を少しずつ入れていきます。徐々にシリンダ内の圧力が上がっていくはずです。シリンダの全圧が 760 Torr（ほぼ大気圧）

5.2 平衡蒸気圧を使う

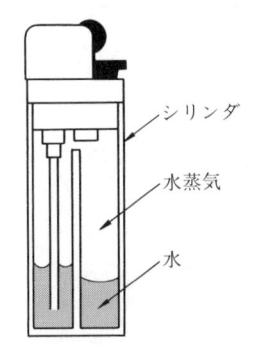

使い捨てライターからの類推

図 5.8 シリンダのなかで平衡状態にある水と水蒸気

になったら，窒素供給を停止します。シリンダに窒素を入れていくとき，シリンダの全体の圧力（全圧）とその圧に占める水蒸気の圧力（分圧）はどうなるでしょうか？　ここでは，簡単のため，大気圧を 760 Torr，水を入れたシリンダの温度が 20℃で一様であるとしてグラフを描いてみます。なお，20℃における水の平衡蒸気圧を 18 Torr としました。結果をグラフにすると**図 5.9**のようになります。

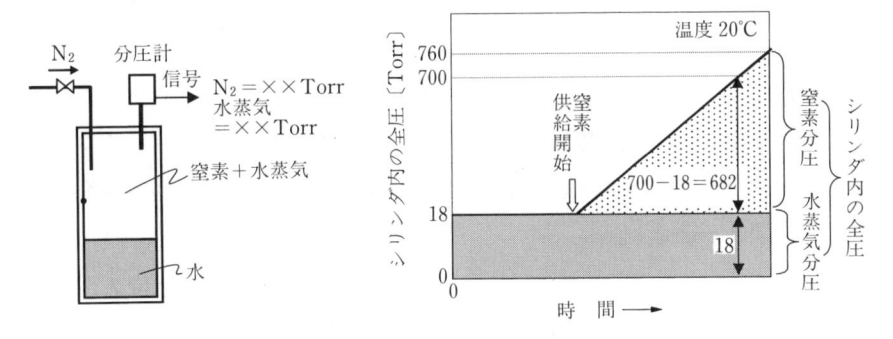

図 5.9 シリンダ内の全圧力がかわっても，水の平衡蒸気圧はほとんど変わらない

この結果は「平衡蒸気圧は圧力にほとんど影響を受けない（126 ページ）」に基づいています。さて，図 5.9 から何が言えるでしょうか？　例えば，シリンダの全圧が 700 Torr のときを見てください。このとき，700 Torr の内訳は水蒸気 18 Torr，窒素 682 Torr です。水蒸気の温度も窒素の温度も同じですから，$PV=nRT$ を出すまでもなく，この混合気体は水蒸気の分子が 18/(18+

682)＝0.026＝2.6％ を占めます。シリンダの底にたまっているのは水ですが，このようにして混合気体をつくってやれば，めでたく水蒸気を反応炉に送り込むことができます。

イメージがわきましたか？ まだわからないという人のために，こんなたとえはどうでしょうか？ **図5.10** を見てください。

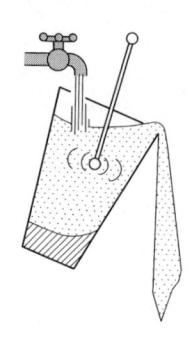

図 5.10 たとえ話

料理用のカップに半分，食塩を入れます。つぎに，塩を割り箸などでかき混ぜながらゆっくりと水道水をたらしていきます。すると，カップの底には食塩が残っていますが，上側には飽和食塩水ができているはずです。さらにカップをかき混ぜながら水道水をたらしていくと飽和食塩水はカップからあふれるはずです。このあふれる食塩水の濃度は「カップの底に食塩が残っている」，「カップの撹拌を怠けていない」，「温度が変わらない」という三つの条件がそろっているかぎり一定です。

窒素による水のバブリングは「食塩→水，水道水→窒素」と置き換えたものにすぎません。食塩が水道水に飽和するまで溶けるのと，水と水蒸気が平衡状態になるとの違いだけです。これは単なるたとえではありません。その証拠は，「飽和蒸気圧」という言葉を聞いたことがあると思いますが，「平衡蒸気圧」と同義語です。

これで，イメージがわいたと思います。いままでお話ししてきたことの要点を下にまとめます。下の文章で「量」と書かれているのは「分子の数」のことです。念のため。

5.2 平衡蒸気圧を使う

- 水蒸気は「窒素-水蒸気混合気体」として反応炉に送り込まれる。
- 反応炉に送り込まれる「窒素-水蒸気混合気体」の量はシリンダに送り込まれた窒素の量に等しい。
- 「窒素-水蒸気混合気体」に占める水蒸気の量は水の平衡蒸気圧に比例し，シリンダの全圧に反比例する。

反応炉に毎分何モルの水蒸気を供給したい。そのためにはシリンダに窒素を何 sccm 入れなければならないか？　というのが本来の姿だと思います。ただ，そうすると理解しにくくなりますので，ここではシリンダに 1 sccm の窒素を供給したとき，反応炉に毎分何モルの水蒸気が供給されるかを見積もります。その他の条件は**表 5.4** の数値を使いましょう。

表 5.4　計算に用いる数値

項　　目	数　値
水の入ったシリンダの温度　T	20 °C
水の入ったシリンダの全圧　P	760 Torr
シリンダに毎分送り込む窒素の量　$N_{窒素}$	1 sccm
水の平衡蒸気圧　$P_{水蒸気}$ (20 °C)	18 Torr

先の要点のまとめに従って見積もっていきます。

- 水蒸気は「窒素-水蒸気混合気体」として反応炉に送り込まれる。
  → 計算の指針です。
- 反応炉に送り込まれる「窒素-水蒸気混合気体」の量は，シリンダに送り込まれた窒素の量に等しい。
  → 反応炉に供給される「窒素-水蒸気混合気体」の量は 1 sccm ということです。
- 「窒素-水蒸気混合気体」に占める水蒸気の量は，水の平衡蒸気圧に比例し，シリンダ全圧に反比例する。

混合気体で水蒸気の占めるパーセンテージは，表の値を使うと

$$\frac{水蒸気の平衡蒸気圧 P_{水蒸気}}{シリンダの全圧 P} \times 100 = \frac{18}{760} \times 100 = 2.37 \, (\%)$$

約 2.4 % となります。つまり，反応炉に送り込まれる水蒸気の量は 1 sccm

の 2.4％，つまり $2.4×10^{-2}$ sccm（20℃）となります。この sccm で表した水蒸気の量を mol/s で表すのは皆様にお任せします。

では，応用問題を出します。

① シリンダの全圧＝1500 Torr，他の条件は表 5.4 に同じ。

② シリンダの全圧＝60 Torr，他の条件は表 5.4 に同じ。

上の①，②の場合について反応炉に送り込まれる水蒸気の量を sccm で表してください。答えだけ下に示します。

① $1×\dfrac{18}{1500}=1.2×10^{-2}$ sccm, ② $1×\dfrac{18}{60}=0.3$ sccm

以上です。反応炉に供給される原料の量を見積もるとき，最低限必要な条件を再びまとめておきます。

・原料の入ったシリンダの温度

・原料の入ったシリンダの全圧

・シリンダに毎分送り込む窒素（キャリアガス）の量

・原料のシリンダ温度における原料の平衡蒸気圧

皆さんは，シリンダの温度やキャリアガスの量にはたいへん気を配っています。でも原料が入ったシリンダの全圧は意外に見落とされがちです。あと，たいへん重要なことをひと言。「シリンダから反応炉に至る経路でシリンダよりも温度の低い箇所があってはいけません」。温度が低い箇所があると，寒い日に屋台のラーメンを食べるとき，眼鏡が曇るように原料が配管の温度の低いところに結露します。こうなると，いくらシリンダの温度や全圧やキャリアガスの量を制御しても意味がありません。さらに，最悪の場合配管が原料で詰まってしまう場合もあります。シリンダの温度よりも高い分には問題がありませんので，原料が熱で分解せずかつバルブなどを壊さない程度に暖めてください。

（3） ガスの純度を保つために——ボンベはきちきちまで使うな！ いままでは，原料を詰めたステンレスのシリンダについて考えてきました。見た目は違いますが，皆さんが使っている 10 l や 47 l のボンベも状況はまったく同じです。お話ししましょう。皆さんは，先輩から「ボンベに入っているガスを

5.2 平衡蒸気圧を使う

きちきちまで使っちゃだめ！」と言われたことはありませんか？ ここではその理由を考えてみましょう。

頭のなかに 150 kgf/cm² 充てんの 47 l 型の窒素ボンベを浮かべてください。このボンベは，20℃に温度調節された部屋に置かれ，真空蒸着装置の窒素パージに使うとします。もしこのボンベの底に水がたまっていたら窒素の純度はどうなるでしょうか？ あなたは「3 N（99.9 %）」と言ってガスを購入したとしましょう。

問題を簡単にするためにつぎの仮定をします。
① 窒素，水蒸気とも理想気体として振る舞う。つまり $PV=nRT$ に従う。
② 窒素は水に溶けない。
③ 水は純水。

現実は違いますが，傾向を知るうえでは十分な仮定のはずです。まず，直感で答えてください。下の三つのうちどれだと思いますか。

（ⅰ） きちきちまで使っても，純度 3 N はキープされる。
（ⅱ） 水が入るなど言語道断。3 N は最初から望めない。
（ⅲ） 最初は 3 N だが，使うに従い純度が悪くなる。

では，計算してみましょう。

室温は 20℃ですので，ボンベのなかの水の平衡蒸気圧は 18 Torr です。また，すでにお話ししたように，水にいくら窒素で圧をかけても水の平衡蒸気圧は変わらないので（実際はほんのわずかですが高くなります），ボンベのなかでも水の平衡蒸気圧は 18 Torr とします。

ガスの純度を計算します。購入したときボンベは 150 kgf/cm² で充てんされているとすると，ガスの純度は

$$
\begin{aligned}
\text{窒素ガスの純度} &= \frac{\text{窒素の圧力}}{\text{ボンベ全体のガスの圧力}} \\
&= \frac{\text{ボンベ全体のガスの圧力} - \text{水蒸気の圧力}}{\text{ボンベ全体のガスの圧力}} \\
&= \frac{(1+150)\times 760 - 18 \,[\text{Torr}]}{(1+150)\times 760 \,[\text{Torr}]} = 0.9998 \,[3\text{ N up}]
\end{aligned}
$$

と，ちゃんと3Nをクリアしています。

補足 減圧弁に使われているブルドン管は一般に大気圧（760 Torr）を基準，すなわち0，にしているので，kgf/cm²をTorrへの換算するとき，1に1を加えています。また，1 kgf/cm²＝760 Torrとしました。

つぎに残圧 0.1 kgf/cm² まで窒素を使ってしまったときの純度はどうなるでしょう？ 上と同様にして，見積もってみます。

$$窒素ガス純度 = \frac{(1+0.1) \times 760 - 18 \,[\mathrm{Torr}]}{(1+0.1) \times 760 \,[\mathrm{Torr}]} = 0.978$$

もう，3Nは確保されません。これだけガスの純度が落ちてしまいます。上の式から，ガスの純度を3Nが確保できる残圧が計算できます。興味のある方はどうぞ。

ちなみに，ボンベの底にたまっているのが水でなくロータリーポンプなどの油だと，20℃での平衡蒸気圧は 10^{-6} Torr 前後ですから，素人目にはまったく

┏━コラム━┓

唯一の商売

ある男，どこの店にもない品物を売る店を出したいと考えた末，平天冠こそこれだと思い店を開いたが，さっぱり買いに来る者がいない。ある人から
　　「この冠は皇帝しか冠らぬもので，皇帝は京師にいらっしゃるのだ」
と教えられ，そこで京師に店を移すことにした。ところがその途中，ある出家に宿をとったら，虎が片方の掌を伸ばして垣板の戸口に入れて可哀そうな泣き声を立てるので，最初のうちは怖かったが，しばらくして，思い切って明かりで照らしてみると，その掌に竹の刺が刺さっていた。さっそく抜き取ってやると，虎は喜ばしそうに躍りあがって行ってしまった。男は自分でもすっかり嬉しくなり
　　「さあ，また一つどこにもない術を覚えたぞ」
と言って，都に着くと，看板に大きく書き出して曰く
　　「平天冠を発売します。兼ねて虎の刺も抜きます」

今回のワンポイントはちょっと趣向を凝らしました。「笑府」という明の時代の笑い話集（岩波文庫）から拾ってみました。最初は馬鹿な男だと思っていましたが，何回も呼んでいるうちにこれは自分のことではないかと思い，偉い男だと思うようにしている今日このごろです。

わかりません。真空装置をパージするガスはしっかり吟味して決めたいものです。

（4）水蒸気などの凝縮性ガスの排気 ── ロータリーポンプのバラストバルブの正体は　ロータリーポンプの側面にバラストバルブというのが付いているのを知っていますか？　訳がわからないバルブだから「触らぬ神に祟りなし」とたいていの人が見て見ぬ振りをしているか，そんなバルブの存在すら知らないと思います。でも，バラストバルブの仕組みを理解して使えば，ずいぶん応用が利くし，それ以前に，このバルブが開いていると問題の生じる場合もあります。今回はバラストバルブにスポットライトを当ててみましょう。

ここでは，ロータリーポンプで多量の水蒸気を排気する場合を例にとってバラストバルブの説明をいたします。半導体をやっている皆さんにはなじみがありませんが，食品業界では真空パックや真空乾燥など切実な問題です。そのまま大量の水蒸気を排気するとロータリーポンプオイルがマヨネーズ状になってしまいます。こうなると，まともな排気を望むほうが無理というもので，ポンプの到達圧力が悪くなるばかりでなく，ポンプを壊してしまう場合もあります。

なぜ，多量の水蒸気を排気すると，ロータリーポンプのオイルがマヨネーズ状になるかと言いますと，水の平衡蒸気圧と関係があります。ポンプのなかで，水蒸気は圧縮されます。圧縮された圧力が平衡蒸気圧以下ならば水蒸気の液化は起こりませんが，平衡蒸気圧を超えると，とたんに液化が進みます。例えば，運転中ロータリーポンプの温度が60°Cだとすると，60°Cにおける水の平衡蒸気圧は149 Torr ですから，それ以上に圧縮すると液化が進みます。そこで登場するのがバラストバルブです。順を追ってお話ししましょう。

ロータリーポンプで多量の水が入った容器を排気する場合を考えます。アウトラインを図 **5.11** にまとめました。

水が丈夫な容器のなかほどまで入っていて，容器の空間は水蒸気で満たされています。もちろんポンプが排気するのは水蒸気であって（液体の）水は吸気口には入りません。あと，容器には圧力 P がモニタできるように「バラトロ

150   5. 平衡蒸気圧

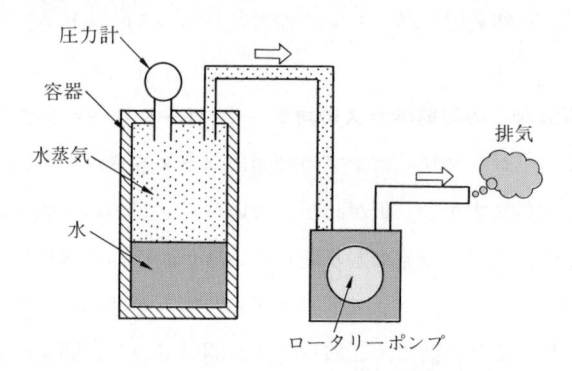

図 5.11 ロータリーポンプによる水蒸気の排気

ン」などの真空計を取り付けておきます。図には書かれていませんが，実験室は 20°C になるように調整されているものとします。

このような系で実験を行います。いつ，どこで，なぜ水蒸気が液化するか考えていきます。そのためには，ロータリーポンプの構造を知らなければなりません。ロータリーポンプの構造は I 編の 14 ページでお話ししました。しかし，ページをめくり返している間，思考が中断されますし，今回，新たにバラストバルブも登場するので，改めてロータリーポンプの断面図を示します（**図 5.12**）。

まず，図 5.12 で回転中心を注目してください。そして頭のなかで回転翼を時計回りに回してみます。回転翼が回ることで，図 5.12 の吸気口にある気体

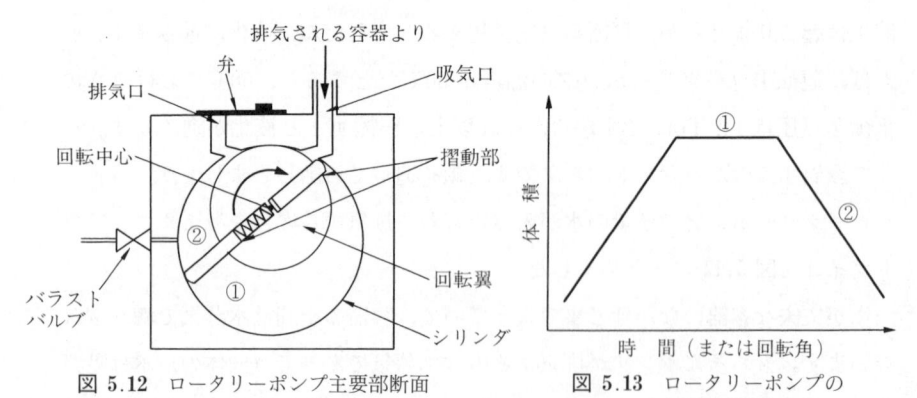

図 5.12 ロータリーポンプ主要部断面

図 5.13 ロータリーポンプの膨張-圧縮過程

の変化をイメージしてください。してみましたか？

　図5.12の吸気口にある気体は，回転翼が回るとシリンダに密着した摺動部により膨張-圧縮を受けます。例えば，回転翼がいまの位置から180°回転すると①，それからさらに180°回転すると②の体積になります。その様子を横軸に時間（または回転翼の回転角），縦軸に気体の体積をとって**図5.13**にまとめましたので納得のいくまでご覧ください。

　よろしいでしょうか？　さて，水蒸気の液化が起こるのは，気体が圧縮される過程です。つまり図5.13で，②と書いた右下がりの直線の部分です。つぎはこの圧縮過程に注目してお話しを進めます。

　本論に入る前に，圧縮が始まる前の状況を整理しておきます。あまり抽象的な話しをしても何ですので，具体的な数値を入れてお話ししたいと思います。水の入った容器からポンプの吸気口までが20℃，ポンプの温度が50℃。水の平衡蒸気圧は18 Torr（20℃），93 Torr（50℃）として考えていきましょう。

　圧縮が始まる前の空間（例えば図5.12の①）にあるのは水蒸気だけです†。図5.13からもわかりますように，①の空間は水を入れた容器と遮断されています。つまり，新たな水蒸気を供給する源はありません。したがって，この空間の圧力 P は，水蒸気を理想気体が20℃から50℃（ポンプ温度）に加熱されたときの圧力上昇より

$$P = P_{20} \times \frac{273+50}{273+20}$$

と表されます。

　ここで，P_{20} は20℃における水の平衡蒸気圧です。$P_{20}=18$ Torr ですので，上の式を計算すると 19.6 Torr≒20 Torr となります。ところで，50℃における水の平衡蒸気圧は93 Torr（>20 Torr）ですので，まだ，水蒸気の液化は起こっていません。

---

† もちろんロータリーポンプの油の蒸気もありますが，平衡蒸気圧が水蒸気に比べ何桁も低いので無視します。

152   5. 平衡蒸気圧

1） バラストバルブを閉じた場合　　つぎに，水蒸気が圧縮される過程を調べます。まず，バラストバルブを完全に閉じた場合から始めましょう。**図5.14**に圧縮過程での圧力と体積の変化をまとめておきましたので併せてご覧ください。

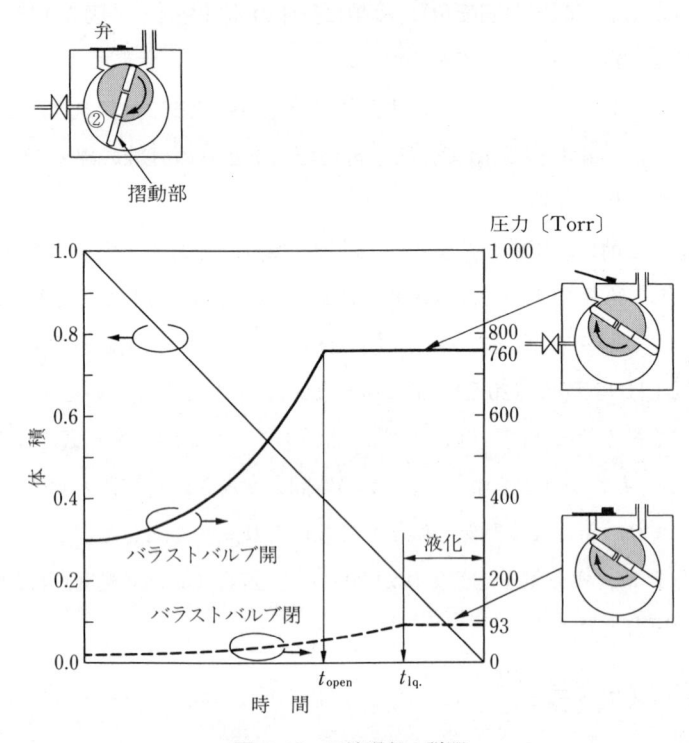

図 5.14 圧縮過程の説明

横軸が時間，縦軸体積と圧力を表します。右下がりの直線が空間の体積で，圧縮が始まる直前の空間（②）の体積を１とします。点線で表されたカーブがバラストバルブを閉じたときの圧力変化，実線のカーブがバラストバルブを開いたときの圧力変化です。

まず，点線のカーブをご覧ください。回転翼が回り圧縮が始まりました。体積が２分の１になると，圧力は体積に反比例しますから，２倍つまり $20\times2=40\,\mathrm{Torr}$ になります。まだ液化は始まりません。回転翼が回って体積が５分の

1になったとします。圧力は20×5＝100 Torrになりそうですが，50℃での水の平衡蒸気圧が93 Torrですので，93 Torr以上は増えません。ただ，圧力が93 Torrになった時点 t から液化が始まります。つまり，いくら圧縮しても圧力は93 Torrを超えず，空間のなかの液化した水蒸気（水）の量が増えるだけです。

ロータリーポンプの排気口の弁は，空間の体積が大気圧（760 Torr）を超えた時点で開くようになっています。したがって，このままでは排気口の弁が開かず，ポンプに水がたまっていきます。回転翼により，この水がポンプの油と混ぜられ油がマヨネーズ状になってしまいます。このような「油」には，潤滑性や気密性を期待するほうが無理というもので，油を交換するしかありません。

2）バラストバルブを開けた場合　つぎにバラストバルブを開けた場合を考えてみましょう。バラストバルブはロータリーポンプのわきに取り付けられています。今度は図5.14の実線をご覧ください。圧縮が始まるときにバラストバルブを開いたとしましょう。大気圧が760 Torr，②の空間の圧力が20 Torrですから，大気が②の空間に自然に流れ込みます。ここでは説明のため，300 Torrになったらバラストバルブが閉じるとします。

空気の主成分は酸素と窒素で油に溶け込みません[†]。このことを頭に入れて，再び回転翼を回して，圧縮してみましょう。はじめの空間の圧力が300 Torrですから，空間の体積が最初の4割弱になると（時刻 t_{open}），空間の圧力は760 Torrを超えるので，排気口に付いたバルブが開きます。このときの水蒸気の分圧を計算してみましょう。

圧縮を始めたときの水の分圧は20 Torr。バルブが開くとき，体積は4割に圧縮されているとすると，水蒸気の分圧は20×(1/0.4)＝50 Torr。50℃の水の平衡蒸気圧93 Torrには達していません。バラストバルブから吸い込んだ空

[†] あと空気中には水蒸気がありますが，窒素や酸素の分子の数に比べれば少ないのでここでは無視します。バラストバルブから吸い込まれた空気に含まれる水蒸気の影響は，熱帯雨林やミストサウナのなかで実験するときにじっくり考えてください。

気と一緒に,水蒸気は液化せずにポンプの外に排出されることがわかります。

このように,バラストバルブを使うと液化しやすい気体が排気できるようになります。水のほかに液化しやすい気体をあげると,アルコール,有機金属,ヒドラジン類などたくさんあります。でも,安易にバラストバルブを開けないでください。安全にかかわるので何度も言いますが,「バラストバルブは安易に開けないでください」。

ここで取り上げた水蒸気の排気のよう,バラストバルブを開けても危険がないのは,水蒸気が大気と反応しないからです。上の例でいえば,アルコール,有機金属,ヒドラジン類などすべてだめです。トリメチルアルミニウムなどの有機金属は空気に触れただけで発火します。アルコールは空気とちょうどよい混合気になったとき,もし着火源があったら…ちょっと怖い話しです。このような,酸素と激しく反応する気体を排気する場合,「絶対に」バラストバルブを開けないでください。

酸素と激しく反応する気体を排気するには

- バラストバルブから,大気でなく,窒素などの不活性ガスを導入できるタイプのロータリーポンプを使う。
- 上のタイプのロータリーポンプが入手できない場合,吸気口に不活性ガスを導入する。もちろん到達圧力は犠牲になります。

などの方法があります。ただ,いずれもよく考えて行わないと,重大な事故が起こる場合があります。これ以上のことは,本でお話しすべき内容ではありません。改造にあたっては専門家とよく相談して,くれぐれも事故のないように気を付けてください。

5.2.2　気相以外の相が,よく混ざり合う複数の物質より成り立っている場合

平衡蒸気圧のお話しも,いよいよ最後になりました。これまでは,気相以外の相が1種類のものからなる場合でした。今度は,気相以外の相がおたがいによく混ざり複数の物質から成り立っている場合です。具体的には,合金の蒸着,溶媒に溶かした溶質の蒸気圧などが対応します。

5.2 平衡蒸気圧を使う

> **コ ラ ム**
>
> **熱 力 学**

　熱力学の専門家でもないオジサンが「熱力学とはなんぞや」もなにもないもんですが，怒らずにお読みください。著者は電子工学科の出身ですが，学生のとき，熱力学の講義は受けたような気がします。が，単位をとったかどうか記憶にありません。まったく頼りない限りです。記憶にあるのが「カルノーサイクル」という言葉と，なんで電子工学科なのに，こんな時代遅れの蒸気機関の勉強をしなければならんのかという感想です。

　ところが，1995年から窒化ガリウムの結晶成長の研究を手がけはじめましたが，わからないことの続出です。この出発原料を使って本当に結晶ができるのだろうか？ 失敗すればウン千万の装置がパーですので，ビクビクものです。格子定数や熱膨張係数の違う基板の上に，いい結晶を積むにはどうしたらよいか？…そんなとき，フォロー会議で，所長と先輩から，「熱力学的にどうなんだ」という指摘をたびたび受け，熱力学を勉強することにしました。そんなときに出会ったのが，ブックガイドに載せました「入門化学熱力学」です。

　前置きが長くなりました。本文に入ります。熱力学の教えるところは
- 物が自然に変化する方向
- 平衡状態での原料と生成物の比

です。話しが見えるように，別のものでたとえましょう。まず「初期状態」という図 5.15 を見てください。

　二つのバケツを考えます。一つは水が入り高い所に，もう一つは空で低い所に置かれています。高い所に置かれたのが原料，低い所に置かれたのが生成物です。

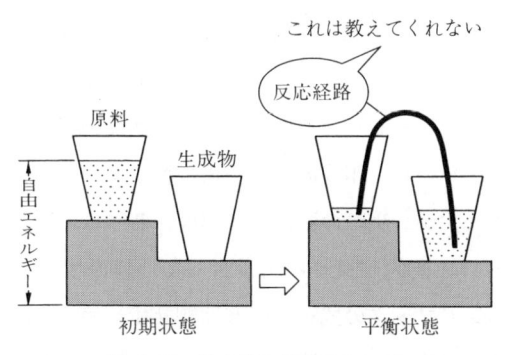

図 5.15　熱力学の教えるところ

水面の高さは熱力学でいう「自由エネルギー」で，反応の駆動力を表します。つぎに図 5.15 の「平衡状態」を見てください。もしも，適当なホースで二つのバケツをつなげば水は低きに流れます。そして水面の一致した所で水の流れは停止します。このときの各バケツの水量が平衡状態での原料と生成物の量です。
　ここで，注意していただきたい点があります。あとでも述べますが，いくら自由エネルギーに差があっても，反応経路がなければ反応は起こりません。さらに，「自由エネルギーの差が大きいイコール反応が速い」ではありません。例えば，富士山頂に 1 トンの水の入ったタンクを，横浜には空のタンクを置きます。自由エネルギーに差があればすぐ反応すると考えるのは，何もしないで富士山頂の水が横浜にやってくるというようなものです。では反応経路とは何か？　これは皆さんへの宿題としておきましょう。
　詳細は省きますが，先の平衡蒸気圧も，さらには平衡蒸気圧の温度による変化も，結晶成長の駆動力も，結晶に添加された不純物の活性化率も，半導体の方におなじみの pn 積一定も，熱力学が教えてくれます。ただし，熱力学には手も足も出ない領域があります。それは，先にお話ししました時間に関する情報です。一番身近な例で言いますと，化学反応の速度についてはほとんど教えてくれません。これに関して，あとの「愛のごとき物質の変化」でふれたいと思います。

　このような蒸気の供給源に対する平衡蒸気圧をどう表現されるか？　というのがこの項のテーマです。肩透かしを食らわせるようで申し訳ないのですが，答えを先に言ってしまえば，「簡単に実験できるものならば，実験で押さえたほうがずっと楽です」。

　蒸気圧の計算法は，ブックガイドに載せました『薄膜ハンドブック（第 1 版）』にくわしく書かれています。これを参考にすれば，ある程度計算できますが，読者にはお勧めしません。その理由は，皆さんの目的は「平衡蒸気圧を知ることでなく，決められた組成の薄膜を再現性よく積むこと」だからです。細かいことは省きますが，実際の装置では温度，るつぼの形状，るつぼと合金の反応など，いろいろ要因が複雑に絡み合って，膜の組成が決められています。ですから，ハンドブックの式を前提も理解せずに使って，平衡蒸気圧を計算し，それで一発で目的の組成の膜を得ようとするのは，甘い甘い考えです。
　一例として，2 成分合金のモル分率と，蒸気圧の関係を**図 5.16** に示します。

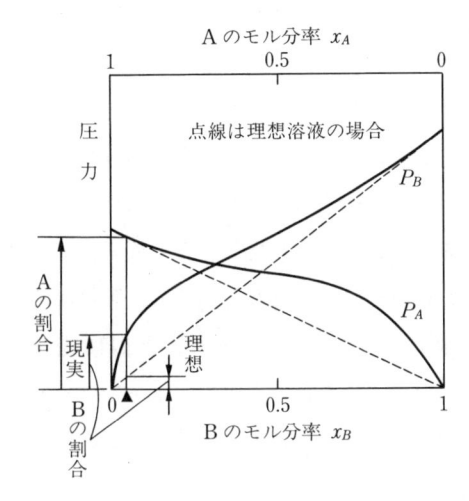

図 5.16 合金の組成による各成分の蒸気圧の変化

　合金のようによく混ざり合うものの場合，蒸気の成分は組成に対して複雑に変化することを心にとどめておけば，実験で足を踏み外すことはありません。図 5.16 で横軸が各成分のモル分率，縦軸が蒸気圧を表します。蒸気圧の曲線で実線が現実の合金の蒸気圧，点線は合金が理想溶液[†]とみなせる場合の蒸気圧です。

　皆さんが真空蒸着で飛ばすような合金は，まず点線のようにはなりません。例えば，Aに，ほんのちょっとBを添加した合金（図 5.16 の▲印）を抵抗加熱で蒸着する場合を考えます。Bの蒸気圧がBのモル分率に対して急激に立ち上がるため，Bの蒸気圧はモル分率で予想されるより高くなります。つまり，薄膜はるつぼに仕込んだ合金の組成よりもBがリッチになっているということです。でも，ご安心ください。理想と現実が違っても全然問題ありません。現実にできた膜の組成を評価して，望む組成に近づけるよう仕込み量を変えればいいのですから。要は，同じ組成の膜がいつもできればよいのです。

　実験をするとき認識しておきたいことを，つぎにまとめておきます。
　認識しておきたいことは，下記のとおりです。

[†] 理想溶液とは，各成分の蒸気圧が，モル分率に比例するような溶液のことを言います。

5. 平衡蒸気圧

(ⅰ) 各成分の蒸気圧はモル分率に，まず，比例しない。
(ⅱ) 温度によって各成分の蒸気圧は変わる。
(ⅲ) 蒸着続けると各成分の蒸気圧が変わる。

(ⅰ)はすでにお話ししましたので，(ⅱ)，(ⅲ)について，補足します。(ⅱ)の温度についてですが，例えば図5.16はある温度のときの蒸気圧だということです。ですから，真空蒸着で組成を一定にしようと思ったら，まず，るつぼの温度をきっちり押さえてください。(ⅲ)は蒸着を続けていくと，蒸気圧の高い成分が速く消耗しますから組成が変化します。そうすると，図5.16を見るまでもなく，蒸気の組成が変化していきます。蒸気の組成の変化を少なく押さえるには，蒸発させる原料を多くるつぼに入れるなど工夫が必要です。

言わずもがなのことですが，いま，あなたがやっている方法でいい特性の素子がいつもできていれば条件を変える必要はありません。膜の組成が途中で変化しようが，最終目標はいい特性の素子がいつもできればよいのです。ただ，再現性が悪くなったとき，上の「認識しておきたいこと」を思い出してください。

6 気体の衝突頻度　$J=nv/4$

　この章は一般教養です。知っているとちょっと威張れますし，将来，装置を設計するとき，たいへん役に立ちます。1章のポンプの節で，「気体分子は酔っ払い」と，お話しをしたのを覚えておられるでしょうか？　この式の J は電車のなかの酔っ払いが壁にぶつかる回数を表したもので，いろいろなことを教えてくれます。

　まず，ポンプの排気速度。ロータリーポンプならば，単位時間に搔き出す気体の体積だから l/s という単位はすぐ理解できると思います。でもイオンポンプやチタンサブリメーションポンプ，油拡散ポンプなど，機械的に動くものがないポンプはどうも l/s と言われてもピンときません。お任せください。この式がお答えします。もう一つは，薄膜の成長速度ですが，すでに，2章の電離真空計の項でお話ししました。そのほかにもいろいろお話ししたいのですが，紙面の関係で割愛させていただきます。

　そこで，この章はつぎの順でお話ししたいと思います。(i)式を身近な単位で表現しよう。(ii)真空ポンプの排気速度の謎を解く。(iii)式を大ざっぱに誘導しよう。

　最初に(i)でこの式を圧力や温度など，簡単に測定できる物理量で表し，式を使いやすくします。つぎに式の威力を知っていただくために(ii)でいろいろな真空ポンプの排気速度を見積もってみます。最後に，(iii)で式の誘導を試みます。現時点で真正面から取り組むのは，「武蔵丸」に相撲で勝負を挑むようなものですから，大ざっぱな誘導をします。皆さんが式に慣れてきたら本式の誘導[†]に挑戦してみてください。

[†] ブックガイドに載せました堀越先生の『真空技術』を参考にしてください。

6. 気体の衝突頻度 $J=nv/4$

6.1 式を身近な単位で表現しよう

最初に著者からお詫びをさせていただきます。この $J=nv/4$ で，n は気体分子の密度を表します。つまり「単位体積当りの気体分子の数」です。ところがこれまで，耳にタコができるほどお話ししてきた $PV=nRT$ の n は「気体分子の（総）数」です。誤らずに，別の記号を使いたかったのですが，多くのテキストで $J=nv/4$ の表記を採用していますので，そちらに従いました。

おまけに，左辺に流束を表す J（ジェー）という記号が出てきます。エネルギーの J（ジュール）と紛らわしいことこのうえもないのですが，これも，多くのテキストの表記に従いました。文章をしっかり追っていけば混乱のないように書きましたので，じっくり読んでください。

さて，言い訳はこれくらいにして，$J=nv/4$ の左辺の流束 J は単位時間に単位面積に衝突する気体分子の数を表します。右辺は n が気体分子の密度，v が気体分子の速さです。「気体分子がたくさんあって，速く飛び回るほど，壁にぶつかる数は多くなる」ともっともらしいことを言った式です。でも n（気体分子の密度）や v（分子の速さ）など，私たちがよく使う圧力（Torr とか Pa），温度で表されていないので「すぐに使う気にならない」というのが正直な気持ちではないでしょうか。式は，使えてなんぼのものですから，J を圧力 P，温度 T など測定の容易な物理量で表し，使いやすいようにしましょう。

さあ始めます。アプローチは，右辺に出てくる n や v を圧力と温度の関数として表し，それらをまとめるだけです。理想気体の状態方程式 $PV=[n]RT$ を使います。ここで，$[n]$ は気体分子の数です。状態方程式より

$$n=\frac{[n]}{V}=\frac{P}{RT} \quad [\text{mol/m}^3] \tag{6.1}$$

です。n についてはこれで終わりです。つぎに v に移ります。v は気体分子の平均速度です。言わずもがなのことですが，気体分子はどれも同じ速さで飛び回っているわけではありません。例えば，窒素分子の室温での平均速度が 500 m/s といったとき，すべての窒素分子が 500 m/s で飛び回っているわけではな

く，1 000 m/s のものもいれば，1 m/s のものもいます。ただ，平均をとると 500 m/s になるということです。どの速度の分子が，どの程度の割合で存在するか，ということは「統計熱力学」の世界に踏み込まなければなりませんので，ここでは，結果だけを示します。分子量 M の気体が温度 T のときの平均速度 v はつぎのとおりです。

$$v = \sqrt{\frac{8RT}{\pi M}} \tag{6.2}$$

さて，上の二つの式を $J = nv/4$ に代入すると式（6.3）が得られます。

$$J = \frac{1}{4}nv = \frac{1}{4}\frac{P}{RT}\sqrt{\frac{8RT}{\pi M}} = \frac{P}{\sqrt{2\pi MRT}} \tag{6.3}$$

さて，式はできましたが本当に正しいのでしょうか。皆さんにお勧めしたいのが，式を立てたら，必ず単位の検算を行っていただきたいことです。

まず，著者がやってみましょう。SI 単位系で表します。圧力 P は Pa（パスカル），温度 T は K（ケルビン）なので，気体定数 R は J（ジュール）/(mol・K)です[†]。分子量 M は 1 mol 当りの質量，kg/mol です。下に検算をまとめておきます〔式（6.4）〕。とてつもなく面倒くさそうですが，読者はこの程度の式を見ても卒倒しないと信じます。これから研究を続けるかぎり，一生付きまとうことなので，必ず自分でやってみてください。なお，式（6.4）では N = kg・m・s^{-2}，J = N・m = kg・m^2・s^{-2} なる関係を使っています。

$$\frac{\mathrm{N \cdot m^{-2}}}{\sqrt{(\mathrm{kg \cdot mol^{-1}}) \cdot (\mathrm{J \cdot mol^{-1} \cdot K^{-1}}) \cdot \mathrm{K}}}$$
$$= \frac{(\mathrm{kg \cdot m \cdot s^{-2}}) \cdot \mathrm{m^{-2}}}{\sqrt{(\mathrm{kg \cdot mol^{-1}})(\mathrm{kg \cdot m^2 \cdot s^{-2} \cdot mol^{-1} \cdot K^{-1}}) \cdot \mathrm{K}}} = \frac{\mathrm{mol}}{\mathrm{m^2 \cdot s}} \tag{6.4}$$

つまり，式（6.4）は，単位面積（1 m^2），単位時間（1 s）当りの分子の数（mol）を表すことが確認できました。あとは式の係数などの写し間違いを確

[†] 理想気体の状態方程式を思い出してください。左辺の PV は圧力×体積です。圧力＝単位面積当りの力＝力÷面積です。体積＝（長さ）^{3}，面積＝（長さ）^{2} ですから，PV の単位は力×長さ＝エネルギー（単位は J）です。これから R が本文のように表されます。また言わずもがなですが，R は 1 mol の物質を 1 K 上げるのに必要なエネルギー，つまりモル比熱と同じ単位です。

認してください。

　さあ，検算ができました．あと，自分で使いやすいように変形していきます．まず，2π と $R(=8.314)$ は定数なので，あらかじめ計算しておきます．

　すると，式 (6.5) のようになります．

$$J = \frac{P}{\sqrt{2\pi MRT}} = \frac{P}{7.23\sqrt{MT}} \quad \left[\frac{\text{mol}}{\text{m}^2 \cdot \text{s}}\right] \tag{6.5}$$

　つぎは，式を自分の使いやすいように単位を変えていきます．まず，分子量 M を例にとります．分子量 M を kg で表すと，つねに 10^{-3} が付きまといますので g に直してしまいましょう．言うのは簡単ですが，単位の換算には結構悩まされます．ポイントはただ一つ「式の物理的な意味を考えること」です．「もし M が 1 g だったらどうだろう」と具体的な数字で考えてみてください．$1\,\text{g} = 10^{-3}\,\text{kg}$ ですから，M のところに 1×10^{-3} を入れて

$$J = \frac{P}{7.23\sqrt{1 \times 10^{-3} T}} \quad \left[\frac{\text{mol}}{\text{m}^2 \cdot \text{s}}\right] \tag{6.6}$$

となることはすぐわかると思います．では $\overline{M}\,[\text{g}]$ ならば？

$$J = \frac{P}{7.23\sqrt{\overline{M} \times 10^{-3} T}} = 4.37 \frac{P}{\sqrt{\overline{M} T}} \quad \left[\frac{\text{mol}}{\text{m}^2 \cdot \text{s}}\right] \tag{6.7}$$

　間違いなく単位を換算できてしまいました．ここで，$\overline{M}$ は g で表した分子量です．先に kg で表した分子量 M と区別するために M の上にバーを付けました．では練習です．

$$J = 4.37 \frac{P}{\sqrt{\overline{M} T}} \quad \left[\frac{\text{mol}}{\text{m}^2 \cdot \text{s}}\right] \tag{6.8}$$

　式 (6.8) で，圧力 P の単位は Pa です．

　著者の経験から申しますと，読者の 80 % 以上の人は圧力を Torr で表したほうがピンとくるようです．では，測定された圧力が $\overline{P}\,[\text{Torr}]$ なら J はどうなるでしょうか．まず，自分で考えて，紙に書いてみてください．

　できましたか．基本的な考え方は，先と同じです．つまり① 1 Torr を Pa で表す．② それを $\overline{P}$ 倍する．1 気圧 $= 760\,\text{Torr} = 1.013 \times 10^5\,\text{Pa}$ という関係を

使います。結果を示します。

$$J = 4.37 \frac{1.33 \times \overline{P} \times 10^2}{\sqrt{\overline{M}T}} = 5.81 \times 10^2 \times \frac{\overline{P}}{\sqrt{\overline{M}T}} \quad \left[\frac{\text{mol}}{\text{m}^2 \cdot \text{s}}\right] \quad (6.9)$$

大半の読者の扱う試料や真空装置の面積は，m² よりも cm² で表したほうが便利だと思います。これも，意味を考えながらやってみてください。J は単位面積に単位時間に衝突する分子の数です。いま，単位面積は 1 m² です。つまり式 (6.9) は 1 m² に 1 秒間に衝突する分子の数を表しています。衝突する分子の数は面積に比例します。例えば，面積が 100 倍になれば J も 100 倍になるでしょうし，100 分の 1 になれば，J も 100 分の 1 になります。

mol/(cm²·s) とは，1 cm² に 1 秒間に衝突する分子の数ということです。1 cm² = 1×10⁻⁴ m² ですから，mol/(cm²·s) で表した J は，mol/(m²·s) で表したそれの 1×10⁻⁴ 倍になるはずです。つまり

$$\begin{aligned} J &= 5.81 \times 10^2 \times \frac{\overline{P}}{\sqrt{\overline{M}T}} \quad \left[\frac{\text{mol}}{\text{m}^2 \cdot \text{s}}\right] \\ &= 5.81 \times 10^{-2} \times \frac{\overline{P}}{\sqrt{\overline{M}T}} \quad \left[\frac{\text{mol}}{\text{cm}^2 \cdot \text{s}}\right] \end{aligned} \quad (6.10)$$

となります。あと，mol というのが使いにくいので個数で表したいという人は，同じ要領でやってみてください。結果だけ下に示します。

$$J = 5.81 \times 10^{-2} \times \frac{\overline{P}}{\sqrt{\overline{M}T}} \quad \left[\frac{\text{mol}}{\text{cm}^2 \cdot \text{s}}\right] = 3.50 \times 10^{22} \times \frac{\overline{P}}{\sqrt{\overline{M}T}} \quad \left[\frac{\text{個}}{\text{cm}^2 \cdot \text{s}}\right]$$
$$(6.11)$$

つぎに，式 (6.11) を使って，ポンプの排気速度の謎を解いていきます。

6.2 真空ポンプの排気速度の謎を解く

真空ポンプの排気速度を表すのに l/s が用いられています。ロータリーポンプの場合は，すでにお話ししましたように，回転翼が毎秒掻き出す体積と考えればよいでしょう。でも，そのほかの油拡散ポンプ，イオンポンプ，チタンサブリメーションポンプなど，動くところがない真空ポンプで l/s と言われて

も，その根拠がわからなかったのではないですか？　そんな疑問に，この式が答えてくれます．基本となる考えは，I編でお話ししました，「真空ポンプはアリ地獄」です．つまり理想的な真空ポンプとは，やってきた気体を捕まえて放さないということです（図 6.1）．

・理想的真空ポンプは「アリ地獄」
・一度吸気口に飛び込んだ気体は放さない

図 6.1　理想的真空ポンプ

例えば，理想的な真空ポンプの面積が S〔cm²〕だとします．真空容器とポンプに対する分子の衝突頻度が J〔個/(cm²・s)〕の場合，単位時間に理想的な真空ポンプに捕まえられる分子の数 N は，式（6.12）のようになります．

$$N = JS \quad 〔個/s〕 \tag{6.12}$$

つぎに，真空容器と理想的な真空ポンプが，温度 T〔K〕の実験室に置かれ，さらに真空容器の容積が V〔l〕，圧力が P〔Torr〕だとしましょう．そのとき，真空容器で気体1個の占める体積†は「真空容器の容積 V」を「そのなかに入っている気体の分子数」で割ったものです．気体の状態方程式 $PV=[n]RT$ より

$$気体1個の占める体積 = \frac{V}{[n]} = \frac{RT}{P} \; 〔l/\mathrm{mol}〕 = \frac{RT}{P} \frac{1}{N_A} \; 〔l/個〕$$

$$\tag{6.13}$$

---

†　真空容器のなかで分子1個の縄張りの体積のことです．分子そのものの体積ではありません．

となります。ここで，$[n]$ は気体分子のモル数です。N_A はアボガドロ数で 6.02×10^{23} です。P は Torr で表した圧力です。

さて，先に理想的な真空ポンプは毎秒 N 個の分子をとらえるということでした。

理想的な真空ポンプの排気速度
$= N \times$ 気体 1 個の占める体積
$= (JS) \times \dfrac{RT}{P} \dfrac{1}{N_A}$ 〔l/s〕
$= \left(3.5 \times 10^{22} \times \dfrac{P}{\sqrt{MT}} \times S \right) \times \dfrac{62.4 \times T}{P} \dfrac{1}{6.02 \times 10^{23}}$
$= 3.63 \times S \times \sqrt{\dfrac{T}{M}}$ 〔l/s〕 (6.14)

と求まります。ためしに，$T = 25°C = 298\,K$，$M = 28$（窒素）を入れてやれば，理想的な真空ポンプの排気速度 $= 11.8 \times S$〔l/s〕となります。つぎに，25℃で窒素を排気する場合を例にとって，いくつかのポンプについて排気速度を計算してみましょう。

〔1〕 口径 4 インチ（約 10 cm）の油拡散ポンプ

まず，油拡散ポンプが理想的な真空ポンプだとしたときの排気速度を求めます。口径 4 インチとは約 10 cm ですから，吸気口の面積 S は $3.14 \times 5^2 = 79$ cm²。先ほどの式に代入すると

理想的な真空ポンプの排気速度：$S = 11.8 \times 79 \fallingdotseq 930\,l$/s

一方，口径 4 インチの油拡散ポンプの公称値が 600 l/s です。理想的な真空ポンプの排気速度は，真空ポンプの排気速度の上限を決めるものですから，油拡散ポンプの公称値はもっともな値といえます。

〔2〕 1 600 l/s のゲッタチャンバに取り付けたチタンサブリメーションポンプ（ゲッタチャンバ開口径は約 20 cm）

ゲッタチャンバの開口を理想的な真空ポンプと見立てます。ゲッタチャンバの開口は約 20 cm ということですから，開口の面積は $3.14 \times 10^2 = 314\,cm^2$。チ

タンサブリメーションポンプがどんな気体でもチタン化合物として取り込むとした場合

$$排気速度 ≒ 11.8 \times 314 = 3\,768\,l/s$$

です。カタログの公称値は$1\,600\,l/s$です。すでにお話ししましたように，チタンは，どんな気体でも安定な化合物をつくるわけではありません。ちょっと差があるように見えますが，もっともらしい値です。

あと，いろいろなイオンポンプ，クライオポンプなどについて計算してください。高真空や超高真空で使われるポンプの排気速度は，おおよそのところ，ポンプの口径に比例していることがわかると思います。

6.3　式を大ざっぱに誘導しよう

この式はまじめに誘導しようとすると，難しい関数や積分の嵐になるのですが，中学の算数ぐらいでも近い形は誘導できます。私たちが目指すのは厳密な式を求めるのではなく式を頭にイメージすることですから，これで十分です。

6.3.1　式誘導のためのモデル

立方体をのなかを一つの玉が飛び回っている状態を考えてください（図6.2）。玉は壁に当たるまで進路を変えません。また，玉は壁にぶつかってもエネルギーを失わないとします。立方体の一辺をL〔m〕，玉の速さをv〔m/s〕，重力は考えません。図6.2には説明のため，一面の壁に色を塗ってあります。

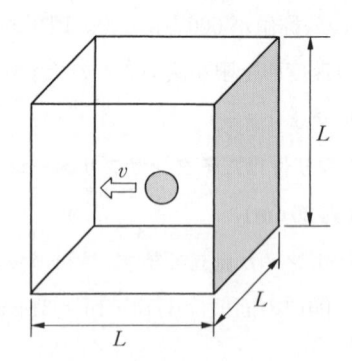

図 6.2　式誘導のためのモデル

6.3 式を大ざっぱに誘導しよう

球が色を塗った壁を叩く回数を考えてみましょう。

球が色を塗った壁にぶつかってから再びその壁にぶつかるまでの時間 τ (タウ) を求めます。球の速さが v, 移動距離がおよそ立方体の一辺 L の 2 倍ですから

$$\tau = \frac{2L}{v} \quad [\text{s}] \tag{6.15}$$

これから, 玉は 1 秒間には色を塗った壁に $1/\tau$ 回衝突することがわかります。つぎに, この玉が 1 秒間に衝突する回数を壁の単位面積当りの値 j で表します。灰色の壁の面積は L^2 ですから

$$j = \frac{1}{\tau} \div L^2 = \frac{v}{2L} \times \frac{1}{L^2} = \frac{v}{2L^3} \quad [\text{回}/(\text{秒} \cdot \text{m}^2)] \tag{6.16}$$

つぎに, 球の数を 2 倍, 3 倍…にすれば, j も 2 倍, 3 倍…と増えることは理解いただけると思います。もし, 立方体に含まれる球の密度が n [個/m³] で与えられるならば, 球の数は $n \times$ 立方体の体積 $= n \times L^3$ ですから

$J =$ 立方体に含まれる球の個数 $\times j$

$$= n \times L^3 \times j = n \times L^3 \times \frac{v}{2L^3} = \frac{1}{2} nv \quad \left[\frac{\text{個}}{\text{秒} \cdot \text{m}^2}\right]$$

と求まりました。係数こそ 2 倍ほど違いますが, 容器の壁の単位面積に, 単位時間当りに衝突する回数が玉の密度 n と速度 v に比例するという現象がちゃんと表されています。真空技術は「桁で勝負」ですから, この程度の粗い近似式でも, 最初の段階では, 十分実用になります。あと皆さんへの宿題として, 機会があったら厳密な式に挑戦してみてください。巻末のブックガイドに載せました堀越先生の「真空技術」にくわしく解説されています。

7　愛のごとき物質の変化

　ちょっと不穏な題ですが，私はまじめです。私たちの周りでは，意識するしないにかかわらず，いろいろな変化が起きています。ここで，変化とは「物質の変化†」と考えてください。

　物質の変化は勝手気ままの起こるのではなく，ある哲学に従っています（じつはこの逆で，物質の変化を普遍的に表現するために人間が築き上げた哲学です）。私たち，真空を扱う者に必要な哲学は二つありまして，一つが「熱力学」，もう一つが「速度論」です。いずれも，一つで本が何冊も書けるほど深遠なものですが，すべてを理解する必要は全然ありません。私たちは哲学者でなく，実用的なものをつくってなんぼの世界に生きる匠なのですから。必要な部分を道具として使えばよいのです。

　ただ，ハンマーで石を割るときに，ハンマーが手になじんでいないと，うまく割れないように，「熱力学」も「速度論」も頭によくなじませる必要があります。それには，自分なりの物理的イメージをもつことが必要だと思います。熱力学については，多くの教科書を勉強していただくことにして，ここでは「速度論」を使いこなすための取っ掛かりをお話ししたいと思います。

　イメージをより具体的に抱いていただくために「変化」を，皆さんの関心のある，「愛」にたとえてお話ししたいと思います（何をひげおやじが，とおっしゃらずに，フーテンの寅さんだって愛を語っているじゃないですか…）。この章は，力まずに，軽い読み物の気持ちで読み流してください。この章の項目は以下のとおりです。

　①　愛は出会いから始まる

---

†　よく化学変化，物理変化と言いますが，この区別はあくまでも便宜的なものです。この章でいう「変化」とは，この二つを合わせたものと考えてください。

② 愛を実らすのは情熱

③ 愛の実験式

7.1 愛は出会いから始まる

　人生のなかで，愛は「恋愛」，つぎは「結婚」，そのつぎは「家庭」…というように，いくつかのステージに分かれると思います。この本では「恋愛」から「結婚」までのステージにスポットライトを当ててみましょう。

　あなたの周りの人で突然見も知らない人と結婚した人は一人もいないでしょう。「美女と野獣」のようなカップルはあっても，馴れ初めを聞いていくと，「なるほど」とうなずくことができます。あなたの隣に座っているＫ君が突然見も知らぬパプアニューギニアのＲさんと恋に落ちたらミステリーです。愛が始まるには必ず共通の土壌が必要です。

　愛が芽生えるにはもう一つ必要なものがあります。それは，色気のない言葉ですが，同じ土壌に生きるものの人口密度です。例えば，アダムとイヴはエデンの園にいたから結ばれたのであって，これがシベリアの原野で離れ離れにいたら歴史は変わっていたと思います。「出会いをプロデュースする」と謳っている結婚産業も，岩手県より東京都でやったほうが儲かるのは事実です（岩手出身の人ごめんなさい）。

（a）共通の土壌をもたない
　　　→愛は芽生えない

（b）共通の土壌をもつ
　　　→愛が芽生えるかもしれない

（c）共通の土壌，人口密度が高い。
　　　→(b)よりも多くのカップルが
　　　　生まれることが期待できる

図 7.1　愛が芽生えるのに必要な条件

まとめると，出会いに必要なのは「共通の土壌」と「人口密度」です。これを図7.1にまとめてみました。

7.2 愛を実らすのは情熱

愛という言葉をたくさん使ったので頭がくらくらしてきました。愛を語るプロは愛という言葉をひと言も使わないそうです。私はなれませんね。

恋に落ちた二人に注目し，その後の様子を見てみましょう。二人は，結婚できたらどんなに心が落ち着くだろう，と思って時を過ごします（**図7.2**）。

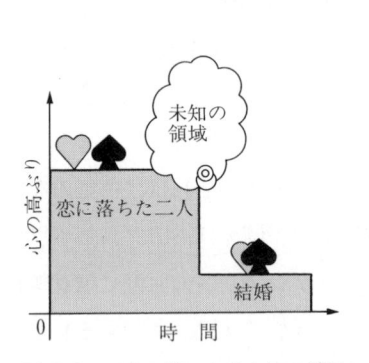

図7.2 二人の前にある未知の領域

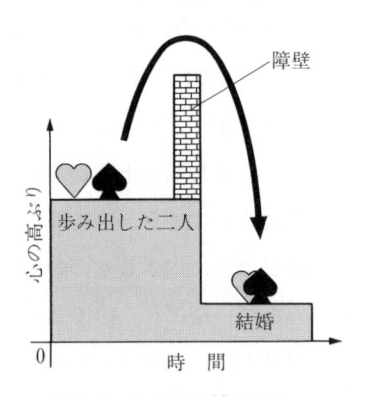

図7.3 あの壁を越えたら…

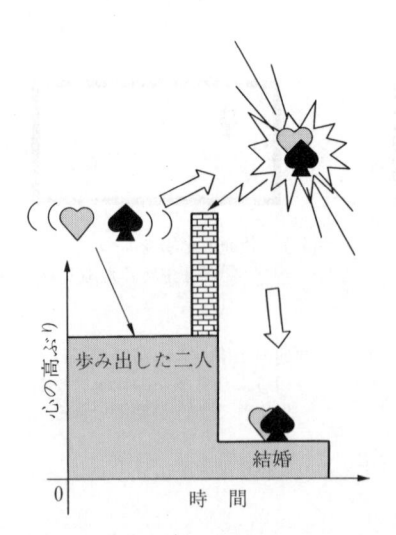

図7.4 あの壁を越えるには

でも，恋愛から結婚というステップに進もうとすると，必ず未知の領域にぶつかります。恋したから，時間がたてば，誰でも結婚してしまう。ということは，まずありません。未知の領域は考えているだけでは見えてきません。未知の領域は実行なくしては見えません（図7.3）。

ステップを歩み出した二人の前に高い壁が見えてきました。ロミオとジュリエットのような両家の確執(かくしつ)，二人の過去，将来への不安，おたがいの信ずるところ…。壁を越えるには二人とももっと奮い立たなければなりません（図7.4）。

まとめると，出会った二人が結ばれるにはまず歩み出すこと。そして二人の前に現れた壁を飛び越えるため，いま以上に心を奮い立たせること。

7.3 愛の実験式

さあ，いよいよ最後の詰めにやってまいりました。街や，合コンや，お見合いで知り合った男女が結婚するには，いま以上に奮起して壁を乗り越えなければならないことをお話ししました。でも，誰でも奮起すれば壁を乗り越えられるかというと，そうではありません。壁を乗り越えられるのは，① 活気のある土壌と，② 運を兼ね備えた者だけです。

厳しいようですが真実です。①の活気のある土壌というのは，恋愛の場は陽気でなければなりません。念仏が聞こえてくるような村よりは，サンバのリズムが聞こえてきたほうがその気になるでしょう。シベリアの荒野よりはハワイのほうが心が浮き立つでしょう。

②の運は，特に人がたくさんいる場合，実感します。同じ活気のある土壌に過ごしながら，H君は愛の告白のときに急に腹痛を起こしたのに，E君は神が乗り移って運命が分かれた，なんてよくあることです。受験だって普段は同じような成績をとっていたK君とN君ですが，K君はヤマがすべて外れ，N君は大当たり。競馬だって，競輪だって…運です。図7.5はAからP君の心の高ぶりを表したものです。（a）は活気のない土壌にいる場合。（b）は活気のある土壌にいる場合です。上の文章をもう一度読んでイメージを膨らませてくだ

172　7．愛のごとき物質の変化

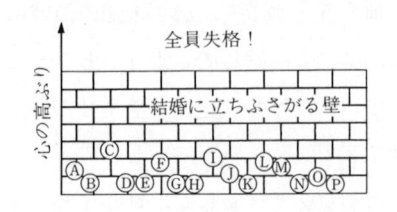

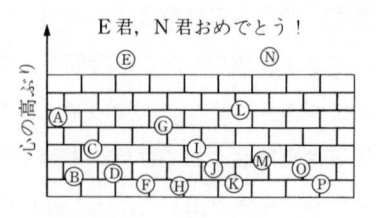

(a) 活気のない土壌に暮らすA〜P君たち　　(b) 活気のある土壌に暮らすA〜P君たち

図 7.5　恋愛の成就は「土壌の活気」それと「運」

さい。

さあ，いよいよいままでの考察をもとに実験式を立てるときがやってきました。まず①から，出会いに必要なのは「共通の土壌」と「人口密度」ということでした。共通の土壌での人口密度を［　］で表すとすると

$$出会いの数 = \gamma \times [男]^\alpha \times [女]^\beta$$

となるでしょう。ここで，α，β，γ という文字が出ていますが，仮定と事実のつじつまを合わせるための定数くらいに考えてください。

つぎに，結婚するためには壁を乗り越えることが必要でした。そして成就するのは「運」であることもお話ししました。これを式にしてみます。「運」つまり確率です。おたがいがある決められた期間内（例えば20代）にアタックする回数を A，成就する確率を P とすれば

$$ゴールインする数 = A \times P$$

です。ここで，P をくわしく見てみましょう。この確率 P は，もっとくわしくいうと，「結婚に立ちはだかる壁」の高さ E_a 以上の心の高ぶりでアタックし合う確率です。自然界では，この確率 P は「結婚に立ちはだかる壁」の高さ E_a と「土壌の活気」kT によって

$$P = \exp\left(-\frac{E_a}{kT}\right)$$

となることが知られています。例えば，「土壌の活気」kT が一定である場合，「結婚に立ちはだかる壁」の高さ E_a が高いほど「結婚する確率」P は 0 に近づきます。また，「結婚に立ちはだかる壁」の高さ E_a が一定の場合，「土壌の

7.3 愛の実験式

活気」kT が大きいほど「結婚する確率」P は 1 に近づきます。もっともらしい式です。

いままでの式を全部まとめると

ある期間にカップルがゴールインする数
$$= \gamma \times [男]^\alpha \times [女]^\beta \times A \times \exp\left(-\frac{E_a}{kT}\right)$$

となります。化学反応の速さもこれとまったく同じです。また，上の式ではわざと使う記号を，速度論の教科書でよく使われるものと一緒にしておきました。「速度論」では，上の式を速度式，α, β が反応の次数，人口密度 [ ] が濃度，A が頻度因子，「結婚に立ちはだかる壁」の高さ E_a が活性化エネルギー，土壌の活気のうち k はボルツマン定数，T は絶対温度です。ちなみにボルツマン定数は，気体定数 R をアボガドロ数で割ったものです。

たったこれだけの文章で速度論が語れると著者は，思ってはいません。いまお話ししたことは本当にさわりもさわり，大さわりです。ただ，化学反応の速さを考えるとき，どんなに複雑でも，基本は出会いの数，そして土壌，そして立ちはだかる障壁の高さです。

これから研究者や技術者となって活躍する皆さん，必ずものを考えるときには「物理的イメージを考える」習慣をつけてください。そして，できればいつも鉛筆とノートを身に付け，「問題を絵にして考える習慣をつけてください」。これが著者の本文を終えるにあたって読者の皆様に贈る言葉です。

付　　　　録

　実験しているとき，最も困るのが，ど忘れ。忘れたからあとで調べよう，などと思っていると，ついついお蔵入りしてしまいます。「思い立ったが吉日」，著者の座右の銘です。頭を使わなくても解決できる問題はその場で片づけておきましょう。そんなとき，威力を発揮するのが「便利帳」。つまり自分でつくった一種のデータベースです。この本を貴方だけの便利帳にしていただければ，著者にとってこんなにうれしいことはありません。

A．圧　　　　力

　論文など，公にする文章にはPa（パスカル）を使わなければいけません。でも実用上は，体感できる単位が便利です。大気圧以上ではkgf/cm²，大気圧以下ではTorrが体感できる単位です。

　大気圧以上　　MPa, psi, atmで目盛られた計器の指示値をkgf/cm²に直すには，付表A.1の係数を指示値に掛けてやります。

付表 A.1　圧力換算のための係数　（1）

計器の単位	kgf/cm² で読むための係数
MPa（メガパスカル）	10
psi	0.07
atm（または気圧）	1.0

　（例）　計器の単位がMPa，指示値が3なら，係数10を掛けて30 kgf/cm²

　大気圧以下　　Paやmbar（ミリバール）で目盛られた計器の指示値をTorrに直すには，付表A.2の係数を指示値に掛けてください。

　（例）　計器の単位がPa，指示値が2×10^{-4}なら，係数7.5×10^{-3}を掛けて

付表 A.2　圧力換算のための係数　（2）

計器の単位	Torr で読むための係数
Pa	7.5×10^{-3}
mbar	0.75

1.5×10^{-6} Torr。同じことですが 7.5×10^{-3} を掛けるかわりに 133 で割っても結構です。

補足として，ブルドン管など大気圧を基準として表示する圧力計[†]の場合，注意してください。例えば容器の圧力として 0.1 MPa を指示していた場合，その容器の圧力は「大気圧＋0.1 MPa」ということで，けっして $(0.1\times10^6)\times7.5\times10^{-3}=750$ Torr ではありません。そのときの大気圧が 760 Torr ならば，$760+(0.1\times10^6)\times7.5\times10^{-3}=1\,510$ Torr です。

B. 流　　量

本文でくわしくお話ししました。本当に気体分子の流量を表しているのは mol/s だけです。sccm は標準の温度，圧力における体積で，Torr l/s は標準の温度における仕事率で，流量を表現したものです。くわしいことは本文 136 ページをご覧ください。結果だけ示します。

　　　1 sccm＝7.43×10^{-7} mol/s　（マスフローコントローラは標準の温度 0°C，圧力 760 Torr で校正されているとして）

　　　1 Torr l/s＝5.38×10^{-5} mol/s（温度 298 K にて）

　　　1 Torr l/s≒72 sccm　（マスフローコントローラは標準の温度 0°C，圧力 760 Torr で校正されているとして）

あと，リークディテクタなどで見られる単位に atm cc/s があります。これも単位を見れば atm が圧力（単位面積当りに働く力），cc が体積ですから，仕事率を表したものです。つまり，Torr l/s と同じ系列の単位です。リークディテクタで知りたいのはつぎの二つがメインではないでしょうか。

① 装置の到達圧力を知る。

② 封じ切った部品でリークによる圧力上昇を知る。

例えば，リーク量が Q〔Torr l/s〕と指示されたとき，装置のポンプの排気

[†] 大気圧のとき，指示値が 0 となる真空計，圧力計です。

速度が S〔l/s〕とわかっていれば

　　　装置の到達圧力は＝$Q \div S$　〔Torr〕

です。

　例えば，封じ切ってから t 秒間に部品に流れ込む気体の分子の数 N は気体の状態方程式より

$$N = \frac{Qt}{RT} \quad \text{〔mol〕}$$

です。ここで，T は温度〔K〕，R は気体定数です。t 秒間にこれだけの分子が部品に流れ込むわけですから，部品の容積を V とすると，リークによる圧力上昇 ΔP は，気体の状態方程式を使えば

$$\Delta P = N\frac{RT}{V} = \frac{Qt}{RT}\frac{RT}{V} = \frac{Qt}{V} \quad (\text{〔Torr〕})$$

となります。

　つまり，これらの用途の場合には，atm cc/s を Torr l/s に直したほうが便利です。単位を換算してみましょう。Q が atm cc/s で表されているとしましょう。1 atm＝760 Torr ですから，Q を Torr cc/s で表せば，Q の値は 760 倍になるはずです。同様に 1 cc は $10^{-3} l$ ですから，Torr cc/s で表されている Q を Torr l/s で表せば Q の値は 1 000 分の 1 になるはずです。以上をまとめると

$$1\,\text{atm cc/s} = \frac{760}{1\,000}\,\text{Torr }l/\text{s} = 0.76\,\text{Torr }l/\text{s}$$

となります。

C. 元素の蒸発に関するデータ

付表 C.1 元素の蒸発に関するデータ

元素	原子量	密度 [g/cm^{-3}]	融点 [°C]	平衡蒸気圧が下記の P となる温度 $P=10^{-3}$ Torr [K]	$P=10^{-2}$ Torr [K]	
Ag（銀）	107.9	10.5	961	1 190	1 300	
Al（アルミニウム）	27.0	2.70	659	1 370	1 495	
Ar（アルゴン）	39.9	—	—	—	—	灰色（金属）砒素
As（ヒソ）	74.9	5.73	820	544	584	と黄色砒素あり。
Au（金）	197.0	19.3	1 063	1 545	1 685	表の値は金属砒素
B（硼素）	10.8	2.33	>2 300	2 200	2 380	
Be（ベリリウム）	9.01	1.85	1 283	1 360	1 480	
Br（臭素）	79.9	—	—	—	—	
C（炭素）	12.0	2.26	約4 000	2 570	2 740	黒鉛
Cd（カドミウム）	112.4	8.65	321	490	536	
Cl（塩素）	35.5	—	—	—	—	
Cr（クロム）	52.0	7.19	約1 900	1 545	1 670	
Cu（銅）	63.5	8.93	1 084	1 400	1 530	
F（フッ素）	19.0	—	—	—	—	
Ga（ガリウム）	69.7	5.91	30	1 205	1 320	
Ge（ゲルマニウム）	72.6	5.35	940	1 520	1 665	
H（水素）	1.01	—	—	—	—	
He（ヘリウム）	4.00	—	—	—	—	
In（インジウム）	114.8	7.28	156	1 105	1 215	
Mg（マグネシウム）	24.3	1.74	650	642	702	
Mo（モリブデン）	95.9	10.2	2 630	2 560	2 780	
N（窒素）	14.0	—	—	—	—	
Ne（ネオン）	20.2	—	—	—	—	
Ni（ニッケル）	58.7	8.9	1 450	1 660	1 800	
O（酸素）	16.0	—	—	—	—	
P（リン）	31.0	1.82	44	259	282	黄燐
Pd（パラジウム）	106.4	12.0	1 550	1 600	1 750	
Pt（白金）	195.1	21.5	1 773	2 180	2 370	
S（硫黄）	32.1	—	—	352	380	
Sb（アンチモン）	121.8	6.69	630	754	818	
Se（セレン）	79.0	4.80	217	474	518	
Si（シリコン）	28.1	2.3	1 410	1 750	1 905	
Sn（スズ）	118.7	7.3	232	1 380	1 510	
Ta（タンタル）	180.9	16.6	2 990	3 070	3 330	
Te（テルル）	127.6	6.1	450	606	652	
Ti（チタン）	47.9	4.51	1 727	1 845	2 000	
Tl（タリウム）	204.4	11.85	304	824	904	
W（タングステン）	183.9	19.3	3 380	3 260	3 500	
Zn（亜鉛）	65.4	7.14	420	566	618	

〔日本学術振興会第131委員会編：薄膜ハンドブック，オーム社（1983）より抜粋転載〕

D. 便利な公式

(関連項目 7〜9 ページ)

D.1 配管のコンダクタンス C

ここに載せました，コンダクタンス†の公式の適用範囲は，「電離真空計が使える領域」とお考えください．下に共通の記号をまとめます．

T = 温度〔K〕， M = 分子量（例えば，窒素なら 28，酸素なら 32）

a = 直管の半径〔cm〕， L = 直管の長さ〔cm〕， A = 穴の面積〔cm²〕

[穴]（付図 D.1）

$$C \,[l/s] = 3.64 \times A \times \sqrt{\frac{T}{M}}$$

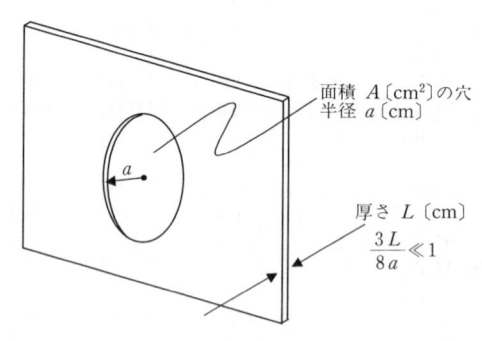

面積 A〔cm²〕の穴
半径 a〔cm〕

厚さ L〔cm〕
$\frac{3L}{8a} \ll 1$

付図 D.1 穴 形 状

[短い直管]（付図 D.2）

$$C \,[l/s] = \frac{3.64 \times A \times \sqrt{T/M}}{1 + 3L/(8a)}$$

[長い直管（長さ÷半径>100）]（付図 D.3）

$$C \,[l/s] = 30.5 \times \frac{a^3}{L} \times \sqrt{\frac{T}{M}}$$

---

† 麻蒔立男：薄膜作成の基礎, p.9, 日刊工業新聞社（1984）

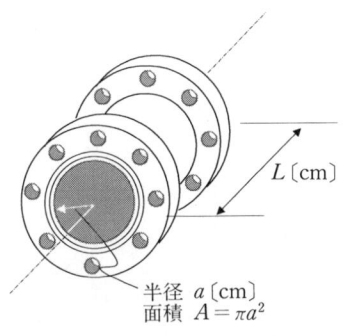

付図 D.2　短い直管形状 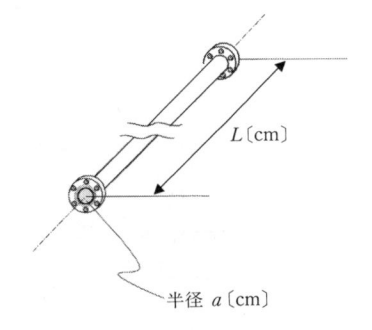　　　　　付図 D.3　長い直管形状

D.2　コンダクタンスの合成

[直列接続]

$$C = \frac{1}{\sum_i (1/C_i)}$$

[並列接続]

$$C = \sum_i C_i$$

付図 D.4 参照。

D.3　ポンプの実効排気速度 S

$S_0 =$ ポンプのカタログに載っている排気速度〔l/s〕
$C =$ ポンプと真空容器を結ぶ配管のコンダクタンス〔l/s〕

$$S = \frac{1}{1/C + 1/S_0} \quad \text{〔l/s〕}$$

付図 D.5 参照。

D.4　到達圧力 P_∞

$S =$ ポンプの実効排気速度〔l/s〕
$Q =$ 真空容器内壁のガス放出量（あるいはリーク量）〔Torr l/s〕

$$P_\infty = \frac{Q}{S} \quad \text{〔Torr〕}$$

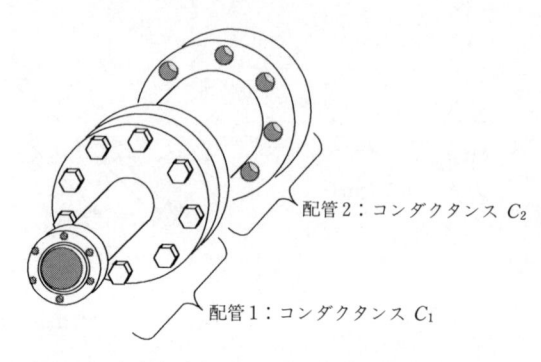

（a） 2本の配管の直列接続

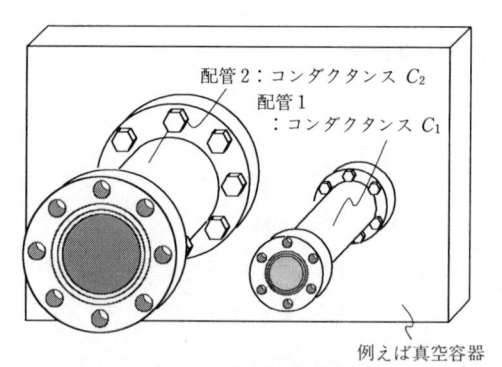

（b） 2本の配管の並列接続

付図 D.4　直列接続と並列接続

D.5　平均自由行程 λ

P は考えている空間の圧力〔Torr〕

$$\lambda = \frac{5\times10^{-3}}{P} \ \text{〔cm〕}$$

D.6　入射頻度，蒸発量 J

T = 温度〔K〕

M = 分子量，原子量

$$J = 3.5\times10^{22} \times \frac{P\text{〔Torr〕}}{\sqrt{MT}} \ \text{〔個数/(s·cm}^2\text{)〕}$$

真空容器

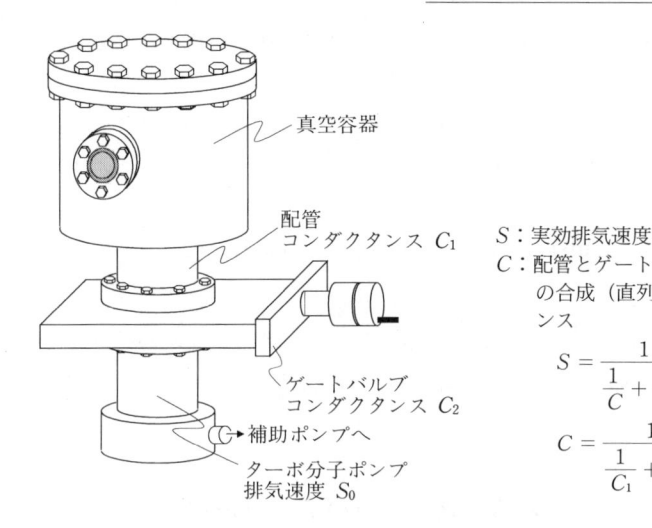

配管
コンダクタンス C_1

ゲートバルブ
コンダクタンス C_2

補助ポンプへ

ターボ分子ポンプ
排気速度 S_0

S：実効排気速度
C：配管とゲートバルブ
　　の合成（直列）コンダクタンス

$$S = \cfrac{1}{\cfrac{1}{C} + \cfrac{1}{S_0}}$$

$$C = \cfrac{1}{\cfrac{1}{C_1} + \cfrac{1}{C_2}}$$

付図 D.5　ポンプと配管

E．定数，換算など

E.1　長　　さ

1 インチ $= 2.54$ cm　　　1 nm $= 10$ Å（オングストローム）

1 cm $= 10^4 \mu$m

E.2　重　　さ

1 ポンド $= 454$ g

E.3　諸　定　数

アボガドロ数 $N_A = 6.02 \times 10^{23}$ 〔mol^{-1}〕

気体定数 $R = 8.31$ 〔J/(mol・K)〕

ボルツマン定数 $k = \cfrac{\text{気体定数}}{\text{アボガドロ数}} = 1.38 \times 10^{-23}$ 〔J/K〕

0°C，1 気圧での理想気体 1 mol の体積 $= 22.4\, l$

　下の式から気体定数 R を好みの単位で計算できる．

$$R = \frac{(\text{好みの単位で表した1気圧}) \times (\text{好みの単位で表した22.4}\,l)}{273 (\text{K·mol})}$$

例：SI 単位，1 気圧 = 1.013×10^5 Pa，$22.4\,l = 22.4 \times 10^{-3}$ m^3

$R = (1.013 \times 10^5 \times 22.4 \times 10^{-3}) \div 273 = 8.312$（単位は以下のとおり）

$$\left[\frac{\text{Pa·m}^3}{\text{K·mol}}\right] = \left[\frac{\text{N·m}^3}{\text{m·K·mol}}\right] = \left[\frac{\text{N·m}}{\text{K·mol}}\right] = \left[\frac{\text{J}}{\text{K·mol}}\right]$$

1 cal = 4.18 J

（その他）

電子1個のもつ電荷 = 1.602×10^{-19} [C（クーロン）]

プランク定数 = 6.63×10^{-34} [J·s]

F. マススペクトル（パターン係数）

（例） H_2O の場合，質量数 16，17，18 に強いピークが観測される。ピークの強度比は質量数 16，17，18 に対し，それぞれ 2：26：100 となる。

付表 F.1 参照。

付　　　　　　　録　　　183

付表 F.1　おもな分子のマススペクトル

(E[e] = 90 eV)

質量数/イオンの価数

▼	H_2	He	CH_4	H_2O	N_2	CO	C_2H_6	O_2	Ar	CO_2	air
1	3										
2	100										
4		100									
12			3			6	1			10	
13			8				1				
14			16		14	1	3				14
15			85				5				
16			100	2		3		18		16	5
17			1	26							
18				100							
20									23		
22										2	
25							4				
26							22				
27							33				
28					100	100	100			13	100
29					1	1	20				
30							22				
31											
32								100			25
34											
36											
37											
38											
39											
40									100		
41											
42											
43											
44										100	
45										1	

（備考）　表の見方（例）：H_2O の場合，質量数 16，17，18 に強いピークが観測される。ピークの強度比は質量数 16，17，18 に対しそれぞれ 2 : 26 : 100 となる。

（バルザス QMS カタログより）

ブックガイド

　将来，真空技術の頂点に立つ皆さんに役に立ちそうな参考書をセレクトしてみました。著者が大学のときに購入した本が多いので，ひょっとすると絶版になっていたりするかもしれません。そのときは著者にひと声かけてください。

○ハンドブックを選ぶなら
　　日本学術振興会　薄膜第131委員会編：薄膜ハンドブック，オーム社（1983）
　少し古い本ですが，いまだに版を重ね売れている一種の古典です。実験条件を決めるとき必要なパラメータが満載されているだけでなく，さまざまな薄膜技術が紹介されています。ぜひ個人で購入されることをお勧めします。

○すぐに解決したい問題がある人に
　　中山勝矢：Q＆A真空50問，共立出版（1983）
　1年程度真空にかかわってきた方ならば，すぐに実務に役立ちます。真空の教科書ではわからないノウハウも懇切ていねいに書かれています。難しい数学を使わないで説明してくれるのもうれしいことです。

○装置を設計する，野心に燃える方には
　　堀越源一：物理工学実験4　真空技術（第2版），東京大学出版会（1983）
　真空技術の定番的教科書です。内容は，気体の分子運動論から装置や部品の解説，さらにベーキングやHeリークチェックの方法にまでわたり，テンコ盛りです。スタッフの方にお勧めです。

○真空技術の門をたたきたい人に
　　毛利　衛，数坂昭夫：入門　真空・薄膜・スパッタリング，技報堂出版（1985）
　あの有名な宇宙飛行士が若いころ訳した本です。難しい数式は一切使っていません。四則計算だけで真空の基本公式の厳密式に肉薄する頭には感心するばかりです。著者はこの本がおもしろくて二，三日で読み終えてしまいました。内容は広く浅くといったところですが，真空技術の入門にはぴったりの読み物です。

○新しい材料系の開発を夢見る人に
　山口　喬：入門化学熱力学 改訂版，培風館（1991）
　千原秀昭，稲葉　章 訳：アトキンス 物理化学要論，東京化学同人（1994）
　千原秀昭，稲葉　章 訳：アトキンス 物理化学の基礎，東京化学同人（1984）
　渡邊慈朗，斎藤安俊，菅原茂夫：基礎材料工学，共立出版（1992）

　現場の研究者のなかに，自分では何もしないくせに，やたら物知りな人がいます。そういう人の議論の展開はワンパターンで，「誰それ（著名な人）が，こう言っているから××できる」です。××かもしれないならまだ可愛いのですが，××できるですから始末におえません。こういう人は尊敬した振りをして遠ざけておくのが一番です。

　研究者はミーちゃん，ハーちゃんじゃないのですから，偶像（アイドル）崇拝してはいけません。論文はぜひ，批判的な目で読む習慣をつけてください。実験事実が示されていても，その実験の前提が納得できないうちは，データを信じてはいけません。論文を盲信することはあなたの人格を放棄することです。

　特に，研究室に配属されたての4年生や修士課程の1年生にお勧めしたいのは，論文を貪り読むことよりも，しっかりした教科書を決めて，それを問題演習も含めて1冊読破することです。周りに先輩や先生がいるので，楽だと思います。大体3か月でできるはずです。論文をむさぼり読むのはそれからでも遅くありません。

　と，だんだん興奮してきましたので本の紹介に入ります。論文を盲信しないためには，まず基礎学力を身につけることです。著者は大学や大学院のころは酒ばかり飲んでいて，ちっともまじめに勉強しませんでした。まじめに覚えたのは旋盤とフライス盤の使い方と電気溶接だけでした。

　GaNの結晶を積むよう（37歳）になって，初めて熱力学の大切さを痛感し勉強しはじめました。そのとき使った教科書がこの4冊です。いずれも高校の数学の知識で読み通せるうれしい本です。演習問題もたくさん載っていますので助かります。

　ここまで読んでこられた皆さん方はまだ若いのです。獰猛に勉強してください。結構，著名な人の論文でも，割と論理の飛びや思い込みがあるのを見つけてほくそえんでください。論文は研究の終着点でなく，出発点であることを体験してください。研究を始めたばかりの人に贈る言葉として，恩師が著者に言われた言葉を引用します。

　「論文は研究者のクソである」

○最近何をするのも面倒くさくなったあなたに
　橋本淳一郎：橋本淳一郎の物理 橋本流解法の大原則・1，学習研究社（2000）
　橋本淳一郎：橋本淳一郎の物理 橋本流解法の大原則・2，学習研究社（2000）

小峯龍男 編:楽しく描けるやさしいテクニカルイラストレーション,東京電機大学出版局(1998)

コンピュータに向かいワープロばかり打っていると,字を忘れるし頭は腐ってくるし…と愚痴を言うあなた。昔に戻って紙と鉛筆で考えてみませんか。草原のすがすがしさにも似た安堵感を味わうことができます。

さて,上の2冊は大学受験の参考書です。元予備校の先生(いまは小説家)が書いた本ですが,下手な大学の先生の物理の教科書よりもよっぽどわかりやすく書かれています。著者の場合は,読む端から目からウロコが落ちてその処理に困ったほどです。大体,1冊2週間もあれば問題を解きながらでも読了できるはずです。お勧めの2冊です。この本を読むときは筆記用具と電卓が必要です。

3冊目の本はいわゆる「図学」の本です。「問題は絵に描けなければいけない」というのが著者の持論です。別の言葉で言えば「物理的イメージをつねに考えろ」ということです。問題を絵にするとき大事なのは,殴り描きではなく,できるだけ絵を「リアル」に描くことです。できれば原寸で描いてほしいのですが,それは無理なことはわかっています。でも相対的な関係だけはリアルに描いてほしいのです。

そこで必要になるのが「図学」です。図学というと補助線と記号の嵐で,何かレオナルドダビンチの時代のイメージをもたれる方が多いと思います。この本は理論的説明はおろそかですが,手順に従って描いていけば立派な透視図ができてしまいます。また,理論的説明が欠けている分は自分で考える余地を残してくれていると思えば腹は立ちません。いずれも1998年の4月以降に購入した本ですので,どこの書店にもあると思います。

○ストレスの溜まっているあなたに
北大路魯山人:魯山人の料理王国,文化出版局(1980)
蒲松齢:聊斎志異(上)(下),平凡社(1973)
根岸鎮衛:耳嚢(上)(中)(下),岩波文庫(1991)
青木正児:酒の肴・抱樽酒話,岩波文庫(1989)

最初は知る人ぞ知る北大路魯山人が書いた本です。魯山人はなかなか物事をはっきり言う人で,読んでいると,こちらの気分まですっきりしてきます。

つぎの聊斎志異は中国の(明末,清初)の怪談小説集です。どれも短編なのでどこから読んでも楽しめます。ちなみに蒲松齢は科挙[†]の万年落第生で,「偏差値は能力を評価する基準になるのか?」という議論には,よく例に出される人です。なお,平

[†] 科挙:中国版の上級国家公務員試験です。難しさは日本の比ではありません。興味のある方は,宮崎市定 著『科挙』,中公新書15(1963)をご覧ください。

凡社の本は最近，書店で見かけませんが，岩波文庫，角川文庫などからも出ています。

つぎの耳嚢は，「鬼平犯科帳」で有名な鬼の長谷川平蔵が活躍していたころの江戸町奉行（現在の石原慎太郎 都知事にあたる）の聞き書き集です。剣豪の逸話からミイラやお化け，さらには呪いの話しまで盛りだくさんです。これもみんな短い話しばかりですので，どこからでも読めます。

最後の酒の肴…は，随園食単†の訳者として知られた漢文の先生が書いた本です。漢文の先生が書いただけあって，読めば読むほどスルメのように味の出てくる本です。

---

† 随園食単：18世紀後半，清の名士 袁枚の書いた料理レシピ集。グルメブームのとき，話題になりました。ちなみに袁枚は若くして科挙に合格しました。

あとがきにかえて

　私の尊敬する北大路魯山人という人の文章をあとがきに代えさせていただきます。出典は付録の「ブックガイド」に載せました。本の入手が困難な人もいると思いますので，あえて，全文を載せます。なお，読みやすいように，勝手に段落をつけさせてもらいました（出典は，北大路魯山人著『魯山人の料理王国』のなかの「料理の第一歩」です）。

　一人の男がいた。女房が去った後は独りで暮らしていた。その男はこんなことを考えた。「まず土地をみつけることだ。よく肥えた土地を。そしてそこへ野菜を植えるのだ。毎日新しい野菜が食べられるぞ」
　けれど，男は土地を探すことをしなかった。家の中でごろごろしていた。それでも，おなかがすいてくるので，パンをかじった。男はあくる日，こんなことを考えた。「野菜もいいが，牛を飼うのだな。そして，豚も飼うのだな。おいしい肉が食べられるぞ」でも，男はなにもせずにごろごろしていた。
　おなかがすいたので残りのパンをかじった。その男の頭が，なんだか少しふくれているようだ。あくる日，男は考えた。「女房がいなくとも，ちゃんとこうして食べていける。待て待て，自分で料理だってできるぞ。そう動きまわらなくとも，手をのばせば用事ができるような便利な台所をつくることだ。清潔な明るい台所を」
　だが，男は実際は何もしなかった。おなかがへってきたので，パンをたべようと思ったが，もうパンがなくなったので，米びつの米を生のままかじって考えた。「待て待て，台所もいいが，それよりも先に，働きやすいような，身軽な服装をこしらえることが第一だな」
　それでも，なにもしないで，女房が部屋のすみの棚においていったリンゴを

かじった。その男の頭が，少しふくれたようだ。「そうだそうだ，果樹園を作ろう。新鮮な果物を木からとってすぐ食べることはすばらしいぞ」でも，男はなにもしなかった。そして米びつの米をかじった。

　こうしてこの男は，考えてばかりいるうちに，だんだん頭が大きくなっていった。少しも働かぬので，手や足はだんだん小さくなっていった。家の中には，もう米も果物もなんにも食べるものがなくなった。それでも男は考えることをやめずに，考え続けた。だんだん男の頭は大きくなって，手足や胴は小さくなっていった。

　とうとう食べるものがなくなると，男は小さくなった自分の足を食べてしまった。でも，男は考えをやめなかったので，いよいよ頭が大きくなっていった。食べるものがないので，自分の胴を食べ，手を食べてしまった。おしまいに，この男はもう食べるものがなくなって，考える頭と食べる口だけになってしまった。この男の考えることは，一つも間違ったことはなかった。ただ一つも行わなかっただけであった。

　世の中には，こんな頭の大きい男がたくさんいる。私はこの気味の悪い男の話を時々思う。正しいこと，いいことを考え，間違ったことを少しも言わない人々がいる。そして一つも実行しない人間もいる。

　料理をおいしくこしらえるこつは，実行だと思う。この本に私が書くことを読んで，なるほどと諸氏は思ってくれるだろうか。まず私の言うことが，正しいか正しくないかを批判していただきたい。そしてああそのとおりだと思ったら，必ず実行していただきたい。考えることも大切だ。聞くことも大切だ。それと同じように，実行することは，もっと大切なことだと私は思う。

　おいしく料理をつくりたいと思う心と，おいしい料理を作るということは似ているが，同じではない。私たちは，したいと思っても，しようと思うのはなかなかだ。しようと思っても仕上げるまでには，時を必要とする。だが，したいと思っている心を，しようと決心するには1秒とかからない。まず希望を持っていただきたい。やってみたいという希望を持ったら，やりとげようと決心

していただきたい。決心したならば，すみやかに始めていただきたい。むつかしいことはなにもない。やってみない先から，とてもできないと思いあきらめている人が余りにも多すぎはしないだろうか。料理は，いつもわれわれの日常生活と共にある。そしてそのこつも，いつもわれわれの一番手近にある。だが，道は遠いかもしれない。しかし，その遠い道は，いつも一番手近の第一歩から始まっているのだ。

索　　引

【あ】

圧力の換算　　　　　　45, 174
油拡散ポンプ（DP）　　　15
　　——を使うコツ　　　　16
　　——のメカニズム　　　17
　　——の排気速度　　　165
アボガドロ数（Avogadro's number もしくは——constant）　　　　　　　　181

【い】

イオンプレーティング（ion plating）　　　　　　　　x
イオンポンプ（IP）　　　22
　　——のメカニズム　　　23
　　——を使うコツ　　　　23

【え】

液相（liquid phase）　　103
エピタキシー（epitaxy）　x

【か】

価　数　　　　　　　　　76
ガスの純度　　　　　　146

【き】

気相（vapor phase）　　103
気体定数（gas constant）　　　　　　　　　　　181
気体の衝突頻度　　　　159
気体の密度　　　　　　99
気体分子どうしの間隔　100
気体分子の平均速度　　161
許容リーク量　　　　　11

【く】

クライオポンプ（CP）　25
　　——のメカニズム　　　26

【こ】

固相（solid phase）　　103
コンダクタンス（conductance）　　　　　　　　178

【し】

質量数（mass number）　76
質量分析計（mass spectrometer）　　　　　　　74
　　——購入ガイド　　　　92
　　——真空蒸着装置への設置　　　　　　　　　　77
　　——スパッタ装置への設置　　　　　　　　　　79
　　——ドライエッチング装置への設置　　　　　　79
　　——の設置場所　　　　74
自由エネルギー（free energy）　　　　　　　156
自由分子熱伝導　　　　49
シュルツゲージ（Schulz-Phelps Gauge）　　　63
蒸発量　　　　　　　　180
シリンダ（cylinder）　131
真空計　　　　　　　　36
　　——の選定と設置　　　38
　　——の存在理由　　　　37
　　——の分類　　　　　　36
真空蒸着　　　　　　　　x
真空ポンプ（vacuum pump）　　　　　　　　3
　　——のラインアップ　　9
真空領域　　　　　　　　5

【す】

スパッタ（sputter deposition system）　　　　　　　x

【せ】

成膜速度　　　　　　　128
　　真空蒸着の——　　　128
ゼオライト（zeolite）　28

【そ】

相（phase）　　　　　103
速度論　　　　　　　　168
ソープションポンプ（SP）　　　　　　　　　　　25
　　——のコツ　　　　　　25
　　——のメカニズム　　　26
　　——の爆発　　　　　　28

【た】

多重イオン検出モード　91
ターボ分子ポンプ（TMP）　　　　　　　　　　　19
　　——のメカニズム　　　20
　　——を使うコツ　　　　19

【ち】

チタンサブリメーションポンプ（TSP）　　　　　22
　　——を使うコツ　　　　23
　　——のメカニズム　　　23
　　——の排気速度　　　165

【て】

定常状態（stationary state）　　　　　　72, 120, 122
電気式隔膜真空計（capacitance manometer）　　　　　　　48
電子増倍管　　　　　　96
電離真空計（ionization gauge）　　　　　　　54
　　——の感度　　　　　　58

【と】

到達圧力　179

【に】

入射頻度　180

【ぬ】

ヌードゲージ（nude ionization gauge）　54, 63

【ね】

熱-CVD（熱-chemical vapor deposition）　x
熱電子　57
熱電対真空計（thermocouple vacuum gauge）　48
熱力学　155, 168

【は】

排気速度　3
　実効――　9
　実効的――　7
　実効的――の公式　179
　――の謎　163
排気特性　104
　凝縮性ガスの――　149
　リーク，ガス放出が"ある"場合の――　105, 111
　リーク，ガス放出が"ない"場合の――　105
パスカル（Pascal）　174
パターン係数　84, 182
バブリング（bubbling）　131
バラストバルブ（gas ballast valve）　149
バラトロン（baratron®）　41, 46

【ひ】

比感度　60
標準温度・圧力　136
標準環境温度・圧力　136
ピラニ真空計（Pirani gauge）　48

【ふ】

プランク定数（Planck's constant）　182
ブルドン管（Bourdon tube pressure gauge）　41, 42
分子線エピタキシー　x

【へ】

平均自由行程（mean free path）　5, 180
平衡蒸気圧　29, 30, 119, 120
　――の圧力による変化　126
　――を使う　122
　――の時間による変化　127
　――の温度による変化　124
　――の容積による変化　125
平衡状態（equilibrium）　72, 120, 121, 156

【ほ】

ボルツマン定数（Boltzmann's constant）　181
ポンプの守備範囲　9

【ま】

マススペクトル（mass spectrum）　80, 89
　おもな残留ガスの――　182
　――の縦軸と横軸の意味　86
マスフローコントローラ　133

【み】

ミリバール（mbar）　174

【む】

無駄な改造　7

【も】

モレキュラシーブ（molecular sieve）　28

【り】

理想気体の状態方程式　97, 98
　――の大前提　98
流　量　175

【ろ】

ロータリーポンプ（RP）　13
　――を使うコツ　13
　――のメカニズム　14

【わ】

ワイドレンジ B-A ゲージ　54, 64

【A】

atm（アトム）　174

【B】

B-A ゲージ（Bayerd-Alpert gauge）　54, 63

【C】

CBE（chemical beam epitaxy）　x

CP (cryo pump) 25
CVD (chemical vapor deposition) ix, 131

【D】

DP (diffusion pump) 15

【G】

GS-MBE (gas source mbe) x

【I】

IP (ion pump) 22

【K】

kgf/cm² 174

【M】

mbar 174
MBE (molecular beam epitaxy) x, 128
MCP (multi channel plate)

96
M-CVD (modified CVD) x
MO‐CVD (metalorganic CVD) x
mol/s 137, 175
MO-MBE (metal organic MBE) x
MPa 174

【P】

Pa (Pascal) 174
P-CVD (plasma-CVD) x
psi (pounds per square inch) 174
$PV = nRT$ 98

【R】

RP (rotary pump) 13

【S】

SATP (standard ambient temprature and pressure)

136
sccm 133, 136, 175
slm 133
SP (sorption pump) 25
STP (standard temprature and pressure) 136

【T】

TMP (turbo molecular pump) 19
Torr 174
Torr l/s 136, 175
TSP (titanium sublimation pump) 22

【V】

VPE (vapor phase epitaxy) x

―― 著者略歴 ――

1981 年　東北大学工学部通信工学科卒業
1986 年　東北大学大学院工学研究科博士課程修了（電子工学専攻）
1986 年　古河電気工業(株)入社
1995 年　博士（工学）（東北大学）
2003 年　群馬大学研究生
2004 年　ものつくり大学助教授
2009 年　ものつくり大学教授
2012 年　広島国際大学教授
　　　　　現在に至る

ビジュアル真空技術
Visual Vacuum Technology　　　　　　　　　　© Yuji Hiratani 2001

2001 年 10 月 15 日　初版第 1 刷発行
2014 年 12 月 25 日　初版第 4 刷発行

| 検印省略 | 著　者　平谷　雄二（ひら たに ゆう じ）
発行者　株式会社　コロナ社
　　　　代表者　牛来真也
印刷所　新日本印刷株式会社 |

112-0011　東京都文京区千石 4-46-10
発行所　株式会社　コロナ社
CORONA PUBLISHING CO., LTD.
Tokyo Japan
振替 00140-8-14844・電話(03)3941-3131(代)
ホームページ http://www.coronasha.co.jp

ISBN 978-4-339-00736-7　（佐藤）　　（製本：愛千製本所）
Printed in Japan

本書のコピー，スキャン，デジタル化等の無断複製・転載は著作権法上での例外を除き禁じられております。購入者以外の第三者による本書の電子データ化及び電子書籍化は，いかなる場合も認めておりません。

落丁・乱丁本はお取替えいたします

光エレクトロニクス教科書シリーズ

(各巻A5判,欠番は品切です)

コロナ社創立70周年記念出版 〔創立1927年〕
■企画世話人　西原　浩・神谷武志

配本順			頁	本体
1.（8回）	新版 光エレクトロニクス入門	西原　浩 裏　升吾 共著	222	2900円
2.（2回）	光　波　工　学	栖原　敏明 著	254	3200円
3.	光デバイス工学	小山　二三夫 著		
4.（3回）	光通信工学（1）	羽鳥　光俊 青山　友紀 監修 小林　郁太郎 編著	176	2200円
5.（4回）	光通信工学（2）	羽鳥　光俊 青山　友紀 監修 小林　郁太郎 編著	180	2400円
6.（6回）	光　情　報　工　学	黒田　隆志 滝沢　國春 徳丸　治樹 渡辺　敏英 編共著	226	2900円

フォトニクスシリーズ

(各巻A5判,欠番は品切です)

■編集委員　伊藤良一・神谷武志・柊元　宏

配本順			頁	本体
1.（7回）	先端材料光物性	青柳　克信 他著	330	4700円
3.（6回）	太　陽　電　池	濱川　圭弘 編著	324	4700円
13.（5回）	光導波路の基礎	岡本　勝就 著	376	5700円

以 下 続 刊

2.	光ソリトン通信	中沢　正隆 著	5.	短波長レーザ	中野　一志 他著
7.	ナノフォトニックデバイスの基礎とその展開	荒川　泰彦 編著	8.	近接場光学とその応用	河田　聡 他著
10.	エレクトロルミネセンス素子		11.	レーザと光物性	
14.	量子効果光デバイス	岡本　紘 監修			

定価は本体価格+税です。
定価は変更されることがありますのでご了承下さい。

図書目録進呈◆

電気・電子系教科書シリーズ

（各巻A5判）

- ■編集委員長　高橋　寛
- ■幹　　　事　湯田幸八
- ■編集委員　　江間　敏・竹下鉄夫・多田泰芳
  　　　　　　　中澤達夫・西山明彦

配本順		書名	著者	頁	本体
1.	(16回)	電気基礎	柴田尚志・皆藤新一・田中志芳 共著	252	3000円
2.	(14回)	電磁気学	多田泰芳・柴田尚志 共著	304	3600円
3.	(21回)	電気回路I	柴田尚志 著	248	3000円
4.	(3回)	電気回路II	遠藤勲・鈴木靖・藤木彦 共著	208	2600円
5.		電気・電子計測工学	西山明彦・吉沢昌二・奥山鎮・下平純郎 共著		
6.	(8回)	制御工学	明石一・堀俊・青西立幸 共著	216	2600円
7.	(18回)	ディジタル制御	西堀俊次 著	202	2500円
8.	(25回)	ロボット工学	白水俊次 著	240	3000円
9.	(1回)	電子工学基礎	中澤達夫・藤原勝幸 共著	174	2200円
10.	(6回)	半導体工学	渡辺英夫 著	160	2000円
11.	(15回)	電気・電子材料	中澤・押田・森山・須田・土原 共著	208	2500円
12.	(13回)	電子回路	押田健英・山田充弘・須田昌巌 共著	238	2800円
13.	(2回)	ディジタル回路	伊原博夫・若海純也・吉室巌 共著	240	2800円
14.	(11回)	情報リテラシー入門	山下 共著	176	2200円
15.	(19回)	C++プログラミング入門	湯田幸八 著	256	2800円
16.	(22回)	マイクロコンピュータ制御プログラミング入門	柚賀正光・千代谷慶 共著	244	3000円
17.	(17回)	計算機システム	春日健・舘泉雄治・日田幸八 共著	240	2800円
18.	(10回)	アルゴリズムとデータ構造	伊原充博 共著	252	3000円
19.	(7回)	電気機器工学	前田勉・新谷邦弘 共著	222	2700円
20.	(9回)	パワーエレクトロニクス	江間敏・高橋勲 共著	202	2500円
21.	(12回)	電力工学	江間敏・甲斐隆章彦 共著	260	2900円
22.	(5回)	情報理論	三木成英機 共著	216	2600円
23.	(26回)	通信工学	吉川英夫・竹下鉄夫・松田豊稔 共著	198	2500円
24.	(24回)	電波工学	宮田克正・吉田久史 共著	238	2800円
25.	(23回)	情報通信システム（改訂版）	桜井田原・岡月正史 共著	206	2500円
26.	(20回)	高電圧工学	植原唯孝・松本孝充 共著	216	2800円

定価は本体価格＋税です。
定価は変更されることがありますのでご了承下さい。

図書目録進呈◆